누구나 읽을 수 있는

수학의 역사

II

고대 수학사 2

누구나 읽을 수 있는 수학의 역사 II
(고대 수학사 2)

초판발행　　2023년 10월 1일

저　자　　정완상
펴낸곳　　지오북스
등　록　　2016년 3월 7일 제395-2016-000014호
전　화　　02)381-0706 / 팩스　　02)371-0706
이메일　　emotion-books@naver.com
홈페이지　　www.geobooks.co.kr

ISBN　979-11-91346-72-5
값 15,000원

이 책은 저작권법으로 보호받는 저작물입니다.
이 책의 내용을 전부 또는 일부를 무단으로 전재하거나 복제할 수 없습니다.
파본이나 잘못된 책은 바꿔드립니다.

서문

저는 2004년부터 지금까지 주로 초등학생을 위한 과학 수학 도서를 써왔습니다. 초등학생을 위한 책을 쓰면서 많이 즐겁지만 한편으로 수학을 사용하지 못하는 점이 많이 아쉬웠습니다. 그래서 수식을 사용할 수 있는 일반인 대상의 수학 과학책을 써 볼 기회가 저에게도 주어지기를 희망해 왔습니다.

저는 1992년 KAIST(한국과학기술원)에서 이론물리학의 한 주제인 〈초중력이론〉으로 박사학위를 받고 운 좋게도 1992년 30세의 나이에 교수가 되어 현재까지 경상국립대학교 물리학과에서 교수로 근무하고 있습니다. 저는 현재까지 300여 편의 논문을 수학이나 물리학의 세계적인 학술지 (SCI 저널)에 게재했고, 여가 시간에는 취미로 집필활동을 합니다.

드디어 한국에도 수학의 노벨상이라고 부르는 필즈상 수상자가 나왔습니다. 이제 많은 수학영재들이 제2의 허준이를 꿈꾸는 시대가 되었습니다.

수학의 영웅들을 역사를 통해 만나보고 그 영웅들이 어떤 수학문제를 골똘하게 생각하고 해결해냈는지를 아는 것은 굉장히 중요합니다. 이를 통해 앞으로 어떤 수학 연구를 해야 하는지를 알 수 있기 때문입니다. 이것이 바로 수학의 역사를 집필하게 된 목적입니다. 수학의 역사 시리즈 4권을 통해, 최초의 수학자 탈레스부터 한국 최초의 필즈상 수상자 허준이까지를 다루었습니다.

이 책에서 저는 수학자들이 한 일을 역사와 곁들여 다루었습니다. 그들이 한 수학적 업적을 중학교 정도의 수학으로 이해할 수 있도록 다루어보았습니다. 이 책은 미래의 필즈상을 꿈꾸는 학생들이나 수학 영웅들의 이야기에 관심이 많은 일반인들이 읽을 수 있도록 꾸며 보았습니다. 조금 어려운 내용은 네이버 카페 〈정완상의 수학과 물리〉에 자료로 올려놓았습니다.

2권에서는 유클리드, 아르키메데스, 아폴로니우스, 헤론, 디오판투스등의 이야기가 등장합니다. 그리고 마지막으로 중국, 인도, 아라비아의 수학에 대해서도 다루었습니다.

끝으로 이 책의 출간을 결정해 준 지오북스의 김남우 사장과 직원들에게 감사를 드립니다. 그리고 프랑스 수학자들의 원문 번역에 도움을 준 아내에게 감사를 드립니다. 그리고 이 책을 쓸 수 있도록 멋진 수학을 만들어낸 수학사의 영웅들에게도 감사를 드립니다.

진주에서 정완상 교수

목 차

제 1 장	유클리드의 원론	5
제 2 장	아르키메데스와 원주율	39
제 3 장	아폴로니우스와 원뿔곡선	63
제 4 장	그리스의 삼각법	79
제 5 장	방정식의 아버지 디오판투스	105
제 6 장	중국, 인도, 아라비아의 수학	115

제1장

유클리드의 원론

1-1 유클리드와 원론

기원전 323년 알렉산더 대왕의 갑작스러운 죽음으로 그를 섬기던 장군들에 의해 그가 지배하고 있던 수많은 영토들이 여러 나라로 나뉘어진다. 그 중 이집트 땅은 프톨레마이오스가 지배하는데 그는 알렉산드리아에 무세이움(museum)이라는 수학 연구소를 만들어 세계적인 학자들을 연구소에서 일하게 한다.

이 연구소에 세계에서 가장 위대한 수학책으로 일컬어지는 <<원론(Elements)>>의 저자인 유클리드가 있다. 유클리드의 생애에 대해서는 거의 알려진 것이 없고 그가 알아낸 수학적인 업적은 기원전 300년에 쓰여진 그의 책 <<원론>>을 통해 집대성된다.

유클리드는 플라톤이 세운 세계 최초의 대학교인 플라톤 아카데미에서 수학을 배운다. 기원전 300년 경 유클리드는 이집트 알렉산드리아로 이사해 무세이움의 교수가 되어, 죽을 때까지 그곳에서 수학 연구와 집필을 한다.

유클리드의 가장 위대한 업적은 <원론>의 집필이다. <원론>은 13권으로 이루어져 있다. 이 책은 수에 대한 내용 뿐 아니라 도형에 대한 많은 내용을 다루고 있다. <원론>에는 465개의 명제가 들어있다.

유클리드 <원론>의 각 권의 내용은 다음과 같다.

1권 점 직선 삼각형

2권 도형의 넓이

3권 원의 성질

4권 원에 내접또는 외접하는 다각형

5권 비와 비율

6권 닮음

7권 약수

8권 등비수열

9권 소수

10권 무리수

11권 공간기하와 입체도형

12권 원과 원에 내접하는 다각형

13권 황금분할과 정다면체

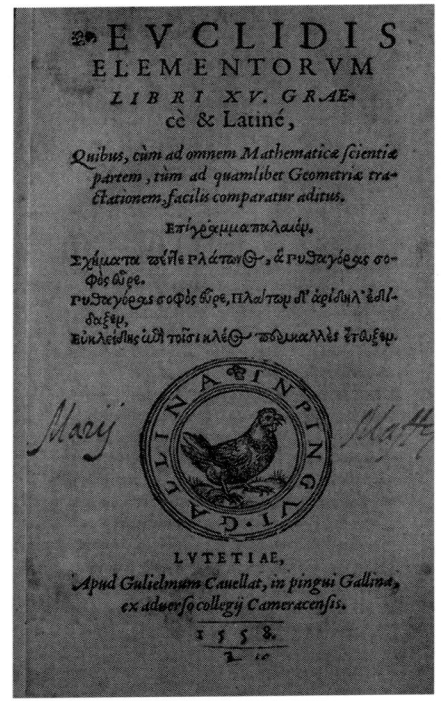

(1558년 그리스어로 출판된 〈원론〉의 표지)

유클리드는 <원론>을 무세이움에서 많은 사람들에게 강의한다. 이 당시 재미난 일화가 있다. 어떤 제자가 "이런 까다로운 수학을 배워서 어떤 이득이 있죠?" 라고 묻자 유클리드는 하인을 불러 "이 친구에게 동전이나 주어라. 이 청년은 학문으로 이득을 얻으려고 하는 나쁜 자세를 갖고 있다."라고 말했다고 한다.

수학을 좋아한 프톨레마이오스도 유클리드에게 <원론>을 배우는 데 그가 유클리드에게 "이렇게 어려운 내용 말고 기하학을 쉽게 배우는 방법이 있는가?" 하고 묻는다. 그러자 유클리드는 "기하학에는 왕도가 없습니다."라는 명언을 남긴다.

유클리드의 대작 <원론>은 너무나 방대한 내용이라 이 책에서는 각 권의 중요한 문제들에 대해서만 생각해 보기로 한다.

1-2 원론 1권

원론 1권에서는 도형의 기초를 다룬다. 점, 선, 면의 정의와 평행선의 성질, 삼각형의 성질에 대해 다룬다. 1권에서 유클리드가 증명한 다음 명제를 보자.

● 삼각형의 내각의 합은 180°이다.

이 명제를 증명하기 위해 유클리드는 평행선에서 엇각이 같다는 성질을 이용한다. 삼각형 ABC에서 변 BC와 평행하면서 꼭지점 A를 지나는 평행선을 그려보자.

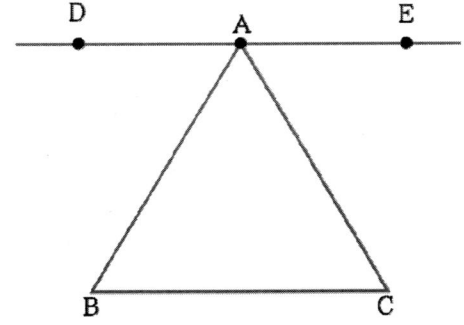

평행선과 선분 AB에 대해 엇각끼리 같으므로

$$\angle DAB = \angle B$$

이다. 마찬가지로 평행선과 선분 AC에서 엇각끼리 같으므로

$$\angle EAC = \angle C$$

이다. 삼각형의 내각의 합은 $\angle A + \angle B + \angle C$ 인데 위 사실로부터 이것은 $\angle DAB + \angle A + \angle EAC$ 와 같아진다. $\angle DAB$, $\angle A$, $\angle EAC$은 일직선을 만들기 때문에 $\angle DAB + \angle A + \angle EAC = 180°$ 가 된다. 따라서 $\angle A + \angle B + \angle C = 180°$ 이다.

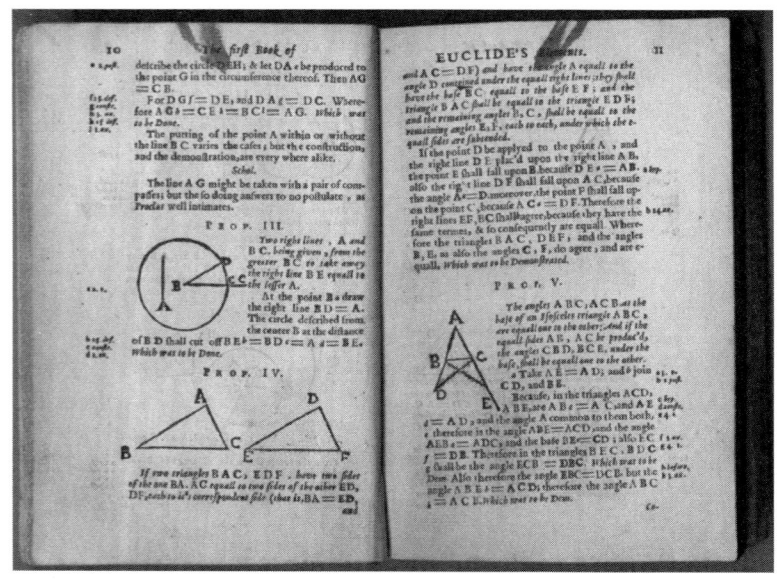

1-3 원론 2권

원론 2권에서는 도형의 넓이에 대한 여러 가지 명제들이 등장한다. 유클리드는 도형의 넓이를 이용해 인수분해의 공식들을 발견한다.

예를 들어 분배법칙을 설명하기 위해 유클리드는 다음 도형을 생각한다.

직사각형 ACFD의 넓이는 직사각형 ABED의 넓이와 직사각형 BCFE의 넓이의 합이므로

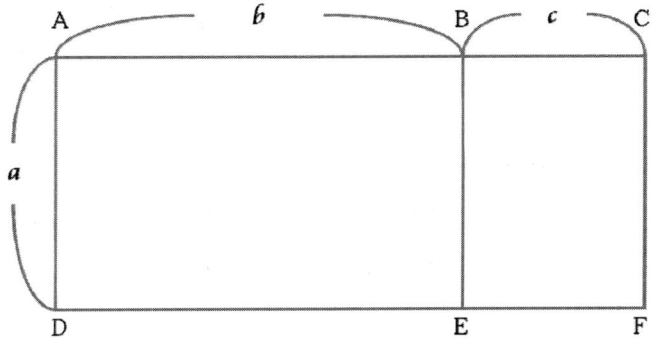

$$a(b+c) = ab + ac$$

이 된다. 이것이 유클리드가 도형의 넓이를 이용하여 얻은 인수분해 공식이다.

또 다른 예로 유클리드는 다음과 같은 사각형을 생각한다.

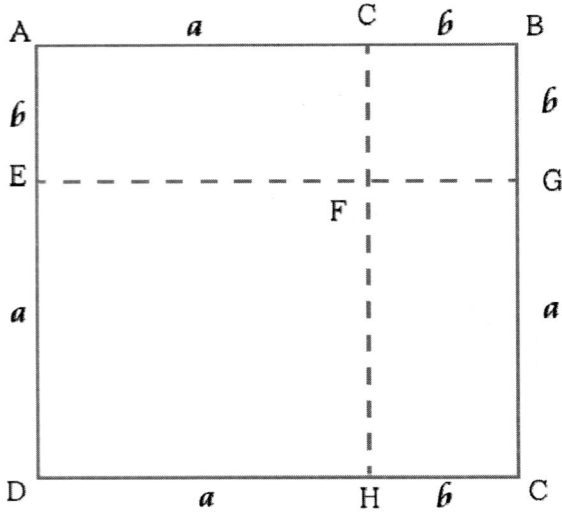

이때 정사각형 ABCD의 넓이는 사각형 ACFE의 넓이와 사각형 CBGF의 넓이와 사각형 FGCH의 넓이와 사각형 EFHD의 넓이의 합이다. 이를 이용하면 다음과 같은 인수분해 공식을 얻는다.

$$(a+b)^2 = a^2 + 2ab + b^2$$

이렇게 유클리드는 2권에서 인수분해와 도형의 넓이 사이의 재미있는 관계를 다룬다.

1-4 원론 3권과 4권

원론 3권과 4권은 원을 다룬다. 3권에서는 원이 가진 여러 가지 성질을 다루고 있고, 4권에서는 원에 정다각형을 내접시키거나 외접시키는 문제를 다룬다.

유클리드가 증명한 재미있는 원의 성질을 하나 살펴보자.

● 원에 내접하는 사각형에서 대각의 합은 180°이다.

유클리드는 이것을 증명하기 위해 다음과 같이 보조선을 그린다.

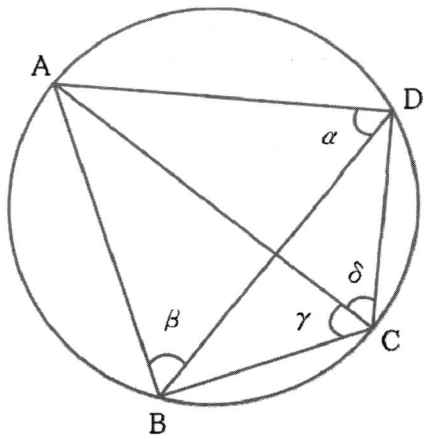

삼각형 ABD에서

$$\angle BAD + \alpha + \beta = 180° \quad (7\text{-}4\text{-}1)$$

이다. α와 γ는 호AB에 대한 원주각으로 같으므로

$$\alpha = \gamma$$

이고, β와 δ는 호 AD에 대한 원주각으로 같으므로

$$\beta = \delta$$

이다. 그러므로 식(7-4-1)는

$$\angle BAD + \gamma + \delta = 180°$$

가 되어,

$$\angle BAD + \angle BCD = 180°$$

가 된다. 즉 대각의 합은 180°이 된다.

1-5 원론 5권

원론의 5권에서는 에우독소스에 의해 연구된 비와 비율에 관한 내용을 다룬다. 5권에 나와있는 명제 중 하나를 소개해본다.

- 네 수 a_1, a_2, a_3, a_4를 생각하라. $a_1 : a_2 = a_3 : a_4$라고 하자.

이때 다음이 성립한다.

(I) $a_1 > a_3$이면 $a_2 > a_4$이다.
(II) $a_1 = a_3$이면 $a_2 = a_4$이다.
(III) $a_1 < a_3$이면 $a_2 < a_4$이다.

유클리드는 이것을 다음과 같은 논리로 증명한다.

$a_1 : a_2 = a_3 : a_4$이므로

$$a_1 = a_3 k$$

$$a_2 = a_4 k$$

라고 놓을 수 있다. 이때

$$\frac{a_1}{a_3} = k$$

가 되는데 $a_1 > a_3$이면 $k > 1$이 된다. 그러므로

$$\frac{a_2}{a_4} = k > 1$$

이므로

$$a_2 > a_4$$

이다.

나머지의 경우도 같은 방법으로 증명된다.

1-6 원론 6권

원론 6권에서 유클리드는 도형의 닮음, 특히 삼각형의 닮음에 대해 다룬다. 6권에 나오는 다음과 같은 명제를 보자.

● 다음 그림에서 DE와 BC는 평행이다.

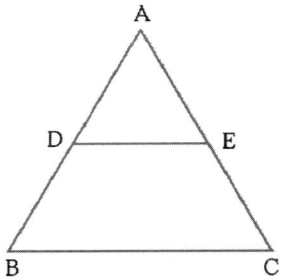

이때 다음 비례식이 성립한다.

$$AD : AB = AE : AC$$

유클리드는 삼각형 ADE와 삼각형 ABC는 닮음임을 이용하고, 닮은 삼각형의 대응변의 길이가 같다는 성질로부터 이것을 증명한다.

6권에 소개된 다음 명제도 재미있다.

● 직각삼각형의 직각인 점에서 빗변에 수선을 그었을 때 생기는 두 삼각형은 원래의 삼각형과 닮음이다.

유클리드가 이 명제를 증명한 과정을 살펴보자. 다음 그림을 보자. 여기서 각A는 직각이다.

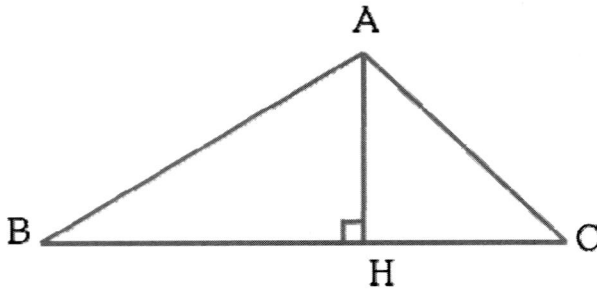

삼각형 ABH는 직각삼각형이고 삼각형 ABH와 삼각형 ABC에서 각 B는 공통이므로 두 삼각형은 닮음이다. 마찬가지로 삼각형 AHC도 삼각형 ABC와 닮음이다.

1-7 원론 7권

원론 7권에서 유클리드는 약수, 배수, 서로 소의 개념을 다룬다. 7권에서 유클리드는 짝수를 두 개의 같은 자연수의 합으로 나타낼 수 있는 수, 홀수를 그렇지 않은 수로 정의한다. 예를 들어 짝수 4는 2 + 2로 쓸 수 있지만 홀수인 5는 두 개의 같은 자연수의 합으로 나타낼 수 없다. 7권에서 가장 멋진 정리는 호제법이라고 알려진 최대공약수를 구하는 방법이다.

55와 240의 최대 공약수를 유클리드 호제법을 이용하여 구해보자. 두 수 중 큰 수인 240을 작은 수인 55로 나눈 나머지는 20이다. 이것을 다음과 같이 쓴다.

$$
\begin{array}{r}
4 \\
55 \overline{\smash{)}\, 240} \\
220 \\
\hline
20
\end{array}
$$

다음 55를 20으로 나눈 나머지는 15이므로 다음과 같이 쓴다.

$$
\begin{array}{r}
2 \\
20 \overline{\smash{)}\, 55} \\
40 \\
\hline
15
\end{array}
$$

다음 20을 15로 나눈 나머지는 5이므로 다음과 같이 쓴다.

$$15 \overline{\smash{)}\begin{array}{r}1\\20\\\underline{15}\\5\end{array}}$$

다음 15를 5로 나눈 나머지는 0이 되는 데 이렇게 나머지가 0이 나오게 하는 나누는 수 5가 바로 처음 두 수의 최대공약수이다.

유클리드의 호제법을 도표로 정리해보면 다음과 같다.

유클리드 호제법은 이런 식으로 나머지가 0이 될 때까지 진행된다. 이 경우 ㉡을 ㉢으로 나눈 나머지가 0이므로 ㉢이 최대 공약수이다.

1-8 원론 8권

원론 8권에서 유클리드는 등비수열의 여러 가지 성질에 대해 다룬다. 등비수열은 어떤 수에 일정한 수(공비)를 차례로 곱하여 이루어진 수열을 말한다. 등비수열은 똑 같은 숫자가 곱해지는 수열이다. 예를 들어 $1, 2, 4, 8, \cdots$을 보자. 1에 2를 곱하면 2가 되고, 다시 2를 곱하면 4가 되고, 다시 2를 곱하면 8이 된다. 따라서 $1, 2, 4, 8, \cdots$는 등비수열이다. 이때 똑 같이 곱해지는 숫자를 공비라고 하고 r이라고 나타낸다. 그러므로 첫째항$= a$, 공비$= r$ 일 때 등비수열의 제 n 항은 $a_n = ar^{n-1}$이 된다. 8권에 나오는 하나의 명제를 보자.

● 세 수 a, b, c가 등비수열을 이루고 a가 제곱수이면 c도 제곱수이다.

유클리드는 다음과 같이 증명한다. 세 수 a, b, c가 등비수열을 이루므로 공비를 r이라고 하면

$$c = ar^2$$

이 된다. 이때 a가 제곱수이므로

$$a = A^2$$

이라 쓸 수 있고

$$c = (Ar)^2$$

이 된다.

1-9 원론 9권

9권에서 유클리드는 소수, 제곱수, 세 제곱수와 홀수 짝수의 성질을 다룬다. 9권에서 가장 중요한 명제는 다음과 같다.

● 소수는 무한히 많다.

유클리드는 이것을 증명하기 위해 부정의 부정은 긍정이라는 논리를 사용한다. 유클리드의 이 증명방법은 주어진 명제가 성립하지 않는다고 가정한 후 모순이 발생한다는 것을 보여 주어진 명제가 성립해야 함을 증명하는 식이다.

주어진 명제가 성립하지 않으면 소수의 개수가 유한하다. 그렇다면 가장 큰 소수가 존재한다. 이렇게 가정했을 때 생기는 모순을 통해 유클리드는 소수가 무한히 많음을 증명한다.

소수의 개수를 N개라고 하자. 소수를 작은 수부터 차례로

$$p_1, p_2, \cdots$$

라고 쓰면 가장 큰 소수는 p_N이다. 즉 소수의 집합은

$$(\text{소수의 집합}) = \{\ p_1, p_2, \cdots, p_N\ \}$$

이다. 다음과 같은 수를 생각하자.

$$A = p_1 p_2 \cdots p_N + 1$$

이 수는 p_1으로 나누어도 나머지가 1이고 p_2로 나누어도 나머지가 1이고, 이런 식으로 계속하면 p_N으로 나누어도 나머지가 1이다. 즉, A는 모든 소수로 나누어 떨어지지 않으므로 소수이다. 그러므로 이 수는 소수의 집합의 원소이다. 그런데 소수는 2 이상이므로

$$A > p_N$$

이다. 그러므로 A는 p_N보다 큰 소수이다. 이것은 가장 큰 소수가 p_N이라는 가정과 모순이다. 그러므로 가장 큰 소수는 존재하지 않는다.

9권에 등장하는 또 하나의 중요한 명제는 완전수에 대한 일반 공식이다. 명제를 쓰면 다음과 같다.

● 모든 완전수는 2의 거듭제곱과 소수와의 곱이다.

우리가 알고 있는 네 개의 완전수 6, 28, 496, 8128을 소인수 분해하면 다음과 같다.

$$6 = 2 \times 3$$
$$28 = 2^2 \times 7$$
$$496 = 2^4 \times 31$$
$$8128 = 2^6 \times 127$$

따라서 유클리드의 명제가 성립한다는 것을 알 수 있다.

완전수를 찾는 일반적인 방법을 알아보자. 우선 2의 거듭제곱 수를 차례로 쓴다.

$$1, 2, 4, 8, 16$$

이 수들로 연속되는 수들의 합을 구한다.

$$1 + 2 = 3$$
$$1 + 2 + 4 = 7$$
$$1 + 2 + 4 + 8 = 15$$
$$1 + 2 + 4 + 8 + 16 = 31$$
$$1 + 2 + 4 + 8 + 16 + 32 = 63$$
$$1 + 2 + 4 + 8 + 16 + 32 + 64 = 127$$

이중 3, 7, 31, 127은 소수이지만 15와 63은 소수가 아니다. 이렇게 최종 결과가 소수가 아닌 것을 제외하면 다음과 같다.

$$1 + 2 = 3$$
$$1 + 2 + 4 = 7$$
$$1 + 2 + 4 + 8 + 16 = 31$$
$$1 + 2 + 4 + 8 + 16 + 32 + 64 = 127$$

이때 더한 마지막 수와 결과의 수를 곱하면 완전수를 얻을 수 있다. 즉, 첫 줄에서 $2 \times 3 = 6$, 둘째 줄에서 $4 \times 7 = 28$, 셋째 줄에서 $16 \times 31 = 496$. 넷째 줄에서 $64 \times 127 = 8128$.

이제 유클리드의 일반적인 증명을 알아보자. 이것은 다음과 같은 명제로 나타난다.

● $1+2+2^2+\cdots+2^n=2^{n+1}-1=p$ 가 소수라면 이때 $2^n \times p$는 완전수이다.

이제 유클리드의 증명을 알아보자. $2^n \times p$의 진약수의 합은

$$(1+2+2^2+\cdots+2^n) \times (1+p) - 2^n \times p$$

이다. 이것을 풀어쓰면

$$(1+2+2^2+\cdots+2^n) + p \times (1+2+2^2+\cdots+2^n) - 2^n \times p$$

이다. 이 식을 다음과 같이 쓸 수도 있다.

$$(1+2+2^2+\cdots+2^n) + p \times (1+2+2^2+\cdots+2^{n-1})$$

이때 $1+2+2^2+\cdots+2^n=2^{n+1}-1$을 이용하면 위 식은

$$2^{n+1}-1+p \times (2^n-1) = p \times 2^n + (2^{n+1}-1) - p$$

이다. 여기서

$$2^{n+1}-1=p$$

이므로 $2^n \times p$의 진약수의 합은 $2^n \times p$이 되어 $2^n \times p$는 완전수이다.

1-10 원론 10권

원론 10권에서 유클리드는 무리수에 관한 내용을 다룬다. 유클리드는 $a+\sqrt{b}$ 의 꼴의 무리수와 무리수의 유리화 같은 내용을 다룬다. 10권에서 재미있는 정의는 바른 수이다. 바른 수란 유리수이거나 유리수와 어떤 유리수의 루트 꼴로 주어진 수를 말한다. 즉, 바른수는 다음과 같이 표현된다.

$$k \quad (k는 유리수)$$

$$l\sqrt{m} \quad (l, m은 유리수)$$

일반적으로 위 두 표현은

$$l\sqrt{m}$$

으로 통일해서 쓸 수 있다. 이때 m이 1이면 이 바른수는 유리수가 된다. 유클리드가 10권에서 선 보인 명제 하나를 소개한다.

● 두 선분의 길이가 바른 수이고 두 선분의 길이의 비가 유리수일 때 이 두 선분으로 만든 직사각형의 넓이는 바른 수이다.

이 명제를 증명하기 위해 유클리드는 두 선분의 길이를 a, b라고 놓는다. 두 선분의 길이의 비가 유리수이므로

$$b = ka$$

라 쓸 수 있다. 여기서 k는 유리수이다. 이 두 선분으로 만든 직사각형의 넓이를 A라고 하면

$$A = ab = ka^2$$

이 된다. a가 바른 수이므로

$$a = l\sqrt{m}$$

이라고 쓰면

$$A = kl^2 m$$

이 되어 유리수가 되므로 바른 수이다.

1-11 원론 11권

원론 11권은 공간기하와 입체도형에 대한 내용을 다룬다. 11권에서 재미있는 명제는 다음과 같다.

● 평면 밖의 한 점에서 평면으로의 수선을 그리는 방법을 찾아라.

유클리드는 다음 그림과 같이 평면 밖의 한 점을 A라고 놓는다.

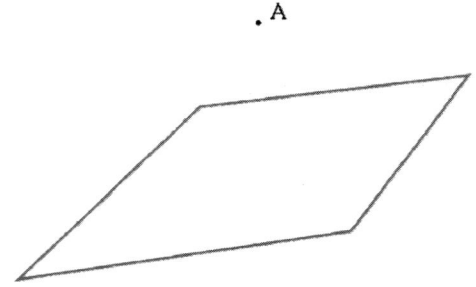

다음 평면 위에 직선 BC를 그린다.

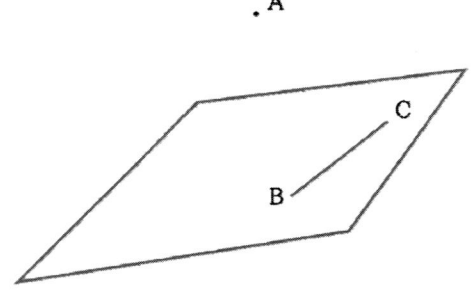

점 A에서 선분 BC로의 수선의 발을 D라고 놓는다.

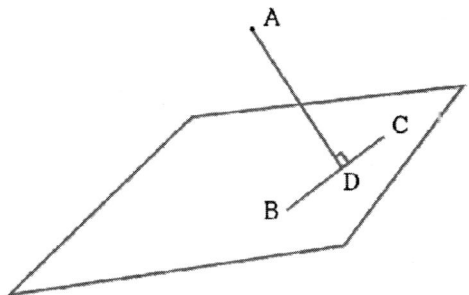

BC에 수직이면서 평면에 놓이는 직선 DE를 그리고 A에서 직선 DE의 수선의 발을 F라고 놓는다.

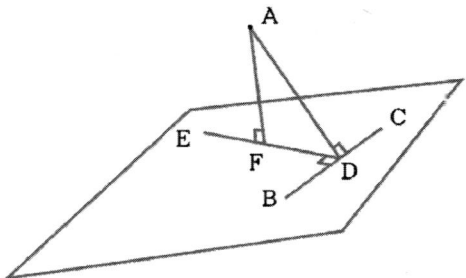

F를 지나면서 BC에 평행한 직선 GH를 그린다.

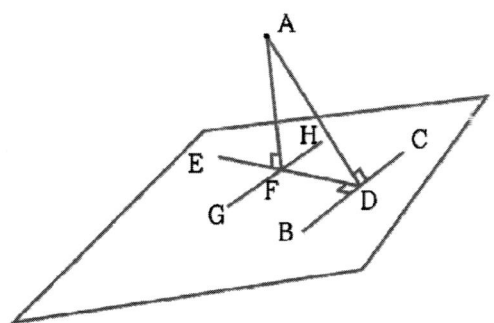

$$BC \perp DA$$

$$BC \perp DE$$

이므로 BC는 DA, DE가 만드는 평면에 수직이다. GH와 BC가 평행이고 평행한 두 직선 중 어느 하나가 평면에 수직이면 나머지 하나의 직선도 그 평면에 수직이므로 GH도 DA, DE가 만드는 평면에 수직이다. 따라서 GH는 DA, DE가 만드는 평면에 놓이는 직선중 GH와 만나는 직선과 수직이다. AF는 DA, DE가 만드는 평면에 놓여 있고 GH와 만나므로

$$AF \perp GH$$

AF는 DE와 수직이고 동시에 GH와 수직이므로 AF는 두 직선 DE와 GH가 만드는 평면에 수직이다. 따라서 AF는 평면 밖의 점A에서 평면으로의 수선이 되고 F는 수선의 발이된다.

1-12 원론 12권

12권에서 유클리드는 원과 원에 내접하는 다각형의 성질에 관한 내용을 다룬다. 12권에 등장하는 재미있는 명제 하나를 소개한다.

● 다음 그림과 같이 두 원에 서로 닮은 두 오각형을 내접시키자. 이때 오각형ABCDE의 넓이와 오각형 FGHKL의 넓이의 비는 두 원의 지름의 제곱의 비와 같다.

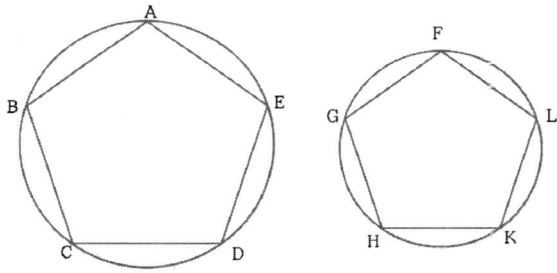

이 명제를 증명하기 위해 유클리드는 다음 그림과 같이 두 원의 지름을 그린다. 왼쪽 원의 지름은 BM이고 오른쪽 원의 지름은 GN이다.

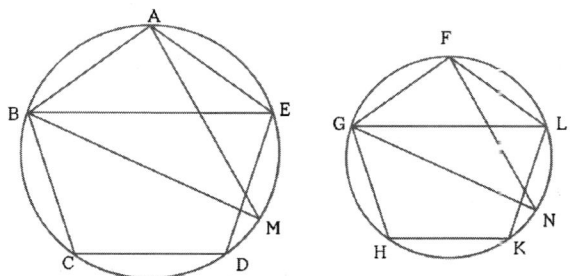

각 BAE와 각 GFL은 크기가 같고 이 각들을 끼고 있는 변들의 길이가 비례하므로 삼각형 AEB와 삼각형 FLG는 닮음이다. 그러므로

$$\angle AEB = \angle FLG$$

이다. 원주각의 크기가 같으므로

$$\angle AEB = \angle AMB$$

이고,

$$\angle FLG = \angle FNG$$

이다. ∠BAM와 각∠GFN은 직각이므로 삼각형ABM과 삼각형 FGN은 닮음이다. 따라서

$$BM : GN = BA : GF$$

이다. 따라서 오각형 ABCDE의 넓이와 오각형 FGHKL의 넓이의 비는
오각형 ABCDE의 넓이 : 오각형 FGHKL의 넓이

$$= BA^2 : GF^2$$
$$= BM^2 : GN^2$$

이 된다. 유클리드는 오각형의 예를 통해 다음과 같은 성질을 유추한다.

● 두 원에 서로 닮은 두 다각형을 내접시키자. 이때 다각형의 넓이의 비는 두 원의 지름의 제곱의 비와 같다.

이 정리의 증명은 변의 개수를 점점 늘여나감으로 해결할 수 있다.

1-13 원론 13권

원론 13권에서 유클리드는 황금분할과 정다면체에 대허 다룬다. 그리스 사람들은 황금분할에 관심이 많았다. 다음 그림을 보자.

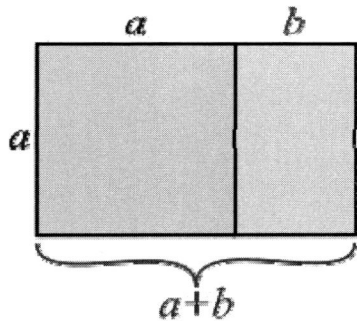

위 직사각형의 가로의 길이는 $a+b$이고 세로의 길이는 a이다. 이때 가로의 길이를 $a:b$로 분할하는데

$$\frac{a+b}{a} = \frac{a}{b}$$

가 되도록 분할하는 것을 황금분할이라고 부른다. 이 비를 t라고 쓰면

$$\frac{a+b}{a} = \frac{a}{b} = t$$

가 된다. 즉

$$a = bt$$

이므로

$$\frac{t+1}{t} = t$$

가 되어,

$$t^2 - t - 1 = 0$$

가 된다.

　이 식을 풀면

$$t = \frac{1 \pm \sqrt{5}}{2}$$

가 되는데, t는 양수이므로

$$t = \frac{1 + \sqrt{5}}{2}$$

가 된다.
　황금분할에서 긴 쪽의 길이를 a로 택하면

$$a = tb$$

가 된다.

그리스 사람들의 황금분할은 오각별에서도 나타난다. 다음 그림과 같이 정오각형 속에 오각별을 그려라.

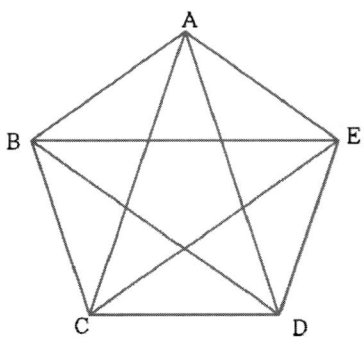

이때

$$BE : AE = t : 1$$

로 황금분할된다.

이것을 간단하게 증명해보자. 다음 그림과 같이 점 F, G, H를 나타내자.

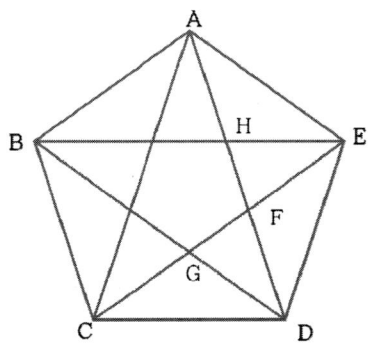

삼각형 EBG와 삼각형 AHE가 닮음이므로

$$BE : BG = AE : EH$$

이다. 한편

$$BG = AE = BH,$$

$$EH = EF$$

이므로

$$BE = BH + EH$$

$$= BG + EF$$

이다. 그러므로

$$AE^2 = BE(BE - AE)$$

가 된다. 이제

$$BE = tAE$$

라고 두면

$$t^2 - t - 1 = 0$$

가 성립한다.

그리스 사람들의 황금분할의 개념은 훗날 피보나치 수열과 관계된다.

(Archimedes of Syracuse 기원전 287 - 기원전 212, 고대 그리스)

제2장
아르키메데스와 원주율

2-1 아르키메데스

이제 수학자이자 과학자인 아르키메데스에 대한 이야기를 해보자.

아르키메데스는 기원전 287년 그리스의 식민지인 시칠리아의 항구 도시 시라쿠사에서 태어났다. 시칠리아는 현재 이탈리아의 섬으로 시실리섬이라고 부른다. 이탈리아 반도를 장화 모양이라고 생각하면 발 끝 부분에 위치한 섬이다. 시칠리아 섬은 지중해에서 가장 큰 섬으로 이 섬에는 기원전 8세기부터 그리스인들이 살면서 그리스의 식민 도시가 되었다.

시라쿠사의 왕은 아르키메데스의 아버지의 친구인 히에론 왕이었다. 히에론 왕은 로마와 동맹을 맺어 시라쿠사는 평화로운 나날이 계속 되었다. 아르키메데스는 수학을 배우기 위해 이집트의 알렉산드리아에 있는 왕립학교에 다녔다. 그는 코논 선생님으로부터 수학과 물리학을 배웠는데 코논 선생은 그리스 최고의 기하학자인 유클리드의 제자였다. 아르키메데스는 수학과 물리학에 뛰어난 재능을 보여 코논 선생님의 사랑을 독차지했다. 그리고 틈만 나면 알렉산드리아의 도서관에 가서 유클리드의 <원론>을 열심히 베꼈다. 시라쿠사로 돌아가 공부하기 위해서였다.

이집트에서 공부를 마치고 시라쿠사로 돌아온 아르키메데스는 물리학과 수학을 실제 생활에 사용하는 것에 관심을 기울였다. 그리하여 그는 나사못이나 나선식 펌프와 같은 많은 발명품을 만들었다. 아르키메데스는 또한 작은 힘으로 무거운 물체를 들어 올릴 수 있는 지레를 발명했다. 아르키메데스는 받침점과 충분히 긴 지렛대를 주면 지구도 들어 올릴 수 있다고 말하곤 했다.

어느 날 히에론 왕은 커다란 배를 만들 계획을 세웠다. 수많은 기술자들이 모여 가장 큰 배를 만드는 데 성공했다. 하지만 배가 너무 무거워 배를 바다에 옮길 수가 없었다. 아르키메데스는 나선모양의 톱니바퀴와 지렛대의 원리를 이용해 이 배를 바다에 옮기는데 성공했다. 이 일로 히에론왕은 아르키메데스를 총애했다.

이제 지레의 원리를 알아보자.

지레의 원리는 지레의 양 끝에 작용하는 힘의 크기와 받침점까지의 거리를 곱한 것이 같다는 원리이다. 힘을 작용한 점을 힘점이라고 하고 힘점에 힘을 가했을 때 물체에 힘이 작용하는 부분을 작용점이라고 부른다. 받침점으로부터 작용점까지의 거리를 a, 받침점으로부터 힘점까지의 거리를 b라고 하고, 힘점에 작용한 힘을 F라고 하고 작용점에 가해진 힘을 W라고 하면

$$Fa = Wb$$

가 된다는 것이 지레의 원리이다. 그러니까 a를 b에 비해 크게 만들면, 작은 힘 F를 가해 큰 힘 W를 얻을 수 있다.

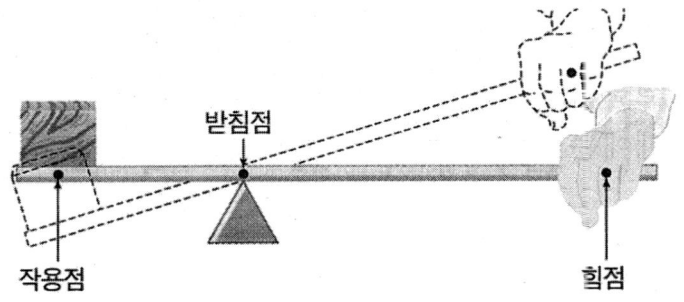

지레의 원리
지레의 양 끝에 작용하는 힘의 크기와
받침점까지의 길이를 각각 곱한 값은 서로 같다.

　어느 날 시라쿠사의 히에론 왕은 전쟁에서 승전을 하고 궁으로 돌아와 신에게 감사의 선물을 바치고 싶어 했다. 그래서 그는 순금으로 만든 왕관을

신전에 바치기로 결심하고 금관을 제작할 세공장이에게 순금덩어리를 건네주었다. 세공장이는 금을 조금 빼돌리고 은을 섞어 금관을 만들어 히에론왕에게 바쳤다. 히에론왕은 왕관이 순금으로 만든 것이라고 믿었다. 얼마 후 세공장이가 은을 섞어 금관을 만들었다는 소문이 퍼지자 히에론왕은 아르키메데스를 불러 금관이 순금인지 아닌지를 조사하라고 했다.

며칠 동안 씻지도 않고 이 문제에 고민하던 아르키메데스에게 하인이 목욕을 권유했다. 그래서 아르키메데스는 목욕탕에 가서 물이 가득찬 탕 속에 들어갔다. 그때 탕 밖으로 물이 넘쳐흐르기 시작했다. 아르키메데스는 "유레카1)"를 외치면서 알몸으로 집까지 뛰어갔다.

아르키메데스는 물이 가득 담긴 통속에 금관을 넣어보았다. 그러자 물이 밖으로 넘쳐 흘렀고 이때 넘친 물의 부피가 금관의 부피와 같다는

---

1) 발견했다라는 뜻이다.

것을 알아냈다. 그는 왕관과 같은 무게의 금덩어리와 은덩어리를 물에 넣었다. 그러자 은덩어리를 넣었을 때 가장 물이 많이 넘쳐흘렀고 다음으로는 금관, 마지막으로 금덩어리의 순서로 물이 적게 넘쳐흘렀다. 그는 이 실험을 통해 금관이 금으로만 이루어진 것이 아니라는 것을 알아냈다.

히에론왕이 죽고 제로니모왕이 즉위하자 시라쿠사는 시끄러워지기 시작했다. 제로니모왕이 그동안 맺어왔던 로마와의 동맹을 깨고 카르타고와 동맹을 맺었기 때문이었다. 지중해의 패권을 둘러싸고 로마와 카르타고는 세 차례의 전쟁을 치르게 되는 데 이것을 포에니 전쟁이라고 한다. 제2차 포에니전쟁(BC 218~BC 201)때인 기원전 214년 로마는 자신을 배반한 시라쿠사를 공격했다. 이때 아르키메데스는 시라쿠사를 지키기 위해 온갖 무기를 만들었다.

로마군은 육군과 해군으로 나누어 시라쿠사를 공격했는데 아르키메데스는 지렛대의 원리를 이용한 투석기를 만들어 그들을 물리쳤다. 다음에는 로마의 마르셀루스 장군이 이끄는 해군이 시라쿠사를 공격했다. 아르키메데스는 그들의 공격을 막아내기 위해 두 종류의 무기를 만들었다. 하나는 도르래를 여러 개 연결한 장치이고 다른 하나는 빛을 한 곳에 모을 수 있는 커다란 오목거울이었다. 그는 움직도르래 한 개를 이용하면 힘을 절반으로 줄일 수 있는 성질을 알았다. 그는 여러 개의 움직도르래를 설치하여 로마 해군이 잠든 틈을 이용해 도르래에 걸린 줄의 한쪽 끝을 적의 배 앞부분에 걸어 놓았다. 다음 날 마르셀루스 장군이 시라쿠사에 항복을 권유하자 아르키메데스는 반대쪽의 줄을 잡아당겼다. 그러자 배가 공중으로 치솟아 올랐다.

아르키메데스는 사기를 잃은 로마군에게 마지막 공격을 퍼부었다. 오목거울을 가리던 천을 걷자 강한 빛이 로마군의 배에 쪼여지더니 연기가 나면서 불타오르기 시작했다. 아르키메데스는 오목거울이 태양 빛을 한 점에 모아 강한 빛이 되게 만든다는 것을 알고 있었다. 이렇게 물리를 이용한 무기로 시라쿠사는 로마의 해군을 무찌를 수 있었다.

하지만 아르키메데스의 노력에도 불구하고 시라쿠사는 큰 위기를 맞이하게 되었다. 로마의 마르셀루스 장군은 시라쿠사 사람으로 위장한 로마 군인들을 시라쿠사로 보내 로마를 지지하는 사람들을 많이 만들었다. 그들의 꼬임에 넘어간 시라쿠사 사람들은 전쟁이 모두 끝난 것으로 생각하고 신을 모시는 축제를 일삼다가 로마군의 기습공격에 그만 무너지고 말았다.

당시 아르키메데스는 해안가 모래밭에서 열심히 도형을 그리며 기하학 연구를 하고 있었다. 그때 로마 군인이 그가 그린 그림을 밟았다. 그는 로마 군인에게 '내 원을 밟지 마라.'고 소리쳤다. 이에 화가 난 로마 군인은 그 자리에서 아르키메데스를 죽여 버렸다.

아르키메데스가 죽었다는 소식을 들은 로마의 마르셀루스 장군은 매우 슬퍼했다. 그는 아르키메데스의 수학적 물리학적 재능을 아꼈기 때문이었다. 마르셀루스 장군은 아르키메데스의 무덤 앞에 아르키메더 스의 가장 위대한 수학 연구 중 하나인 원기둥 속에 공이 들어 있는 그림을 묘비에 새겨주었다.

2-2 아르키메데스와 원주율

기원전 225년 경 아르키메데스는 <원의 측정>이라는 제목의 짧은 논문을 썼는데 이 논문에서 원의 넓이와 원주율에 대해 다루었다. 원주율은 원주(원의 둘레의 길이)와 지름의 비값이다. 원주율은 고대 이집트나 메소포타미아 사람들도 알고 있었다. 그들은 수레바퀴를 한 바퀴 굴러가게 했을 때 그 지나간 길이가 바퀴의 둘레라는 사실로부터 바퀴가 크던 작던 둘레의 길이는 바퀴의 지름의 길이에 어떤 일정한 수를 곱한 값으로 나타난다는 사실을 알아냈다. 그리고 그 일정한 값을 원주율이라고 불렀다.

> There are various other ways of finding the *Lengths*, or *Areas* of particular *Curve Lines*, or *Planes*, which may very much facilitate the Practice; as for Instance, in the *Circle*, the Diameter is to Circumference as 1 to
>
> $$\frac{16}{5} - \frac{4}{239} - \frac{1}{3}\left(\frac{16}{5^3} - \frac{4}{239^3}\right) + \frac{1}{5}\left(\frac{16}{5^5} - \frac{4}{239^5}\right) -, \&c.$$
>
> $= 3.14159, \&c. = \pi$. This *Series* (among others for the same purpose, and drawn from the same Principle) I receiv'd from the Excellent Analyst, and my much Esteem'd Friend Mr. *John Machin*; and by means thereof, *Van Ceulen*'s Number, or that in Art. 64.38. may be Examin'd with all desireable Ease and Dispatch.

원주율은 π로 나타내는데 그리스 시대 때는 π라는 용어를 사용하지 않았다. π는 영국의 존스(William Jones 1675 -1749)가 1706년에 처음 사용했다.

존스 둘레는 영어로 perimeter인데 이것의 그리스어는 페리메트로스(πε

ρίμετρος)이므로 그 첫 글자를 따서 π라고 이름을 붙였다.

그리스 사람들의 π의 정의는

$$\pi = \frac{원주}{지름}$$

이다. 즉, 지름이 d인 원의 원주를 L이라고 하면

$$L = \pi d$$

이고, 원의 반지름을 r이라고 하면 $d = 2r$이니까

$$L = 2\pi r$$

이다.

아르키메데스는 원의 넓이에 대한 체계적인 연구를 했다. 그는 정다각형이 원과 비슷한 모양이고 정다각형의 변이 점점 많아 질수록 원에 더 가까운 모양이 된다고 생각했다.

이제 아르키메데스가 원의 넓이를 구한 방법을 알아보자. 다음 그림과 같은 정팔각형을 보자.

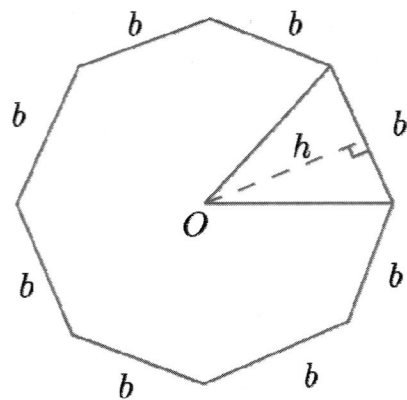

위 그림처럼 정팔각형의 넓이는 8개의 이등변 삼각형의 넓이의 합이다. 이등변삼각형 하나의 넓이는

$$\frac{1}{2}bh$$

이다. 그러니까 정팔각형의 넓이를 A라고 하면,

$$A = \frac{1}{2}bh + \frac{1}{2}bh + \frac{1}{2}bh + \frac{1}{2}bh + \frac{1}{2}bh + \frac{1}{2}bh + \frac{1}{2}bh + \frac{1}{2}bh$$

$$= \frac{1}{2}h(b+b+b+b+b+b+b+b)$$

이다. 여기서 정팔각형의 둘레의 길이를 L이라고 하면,

$$L = b+b+b+b+b+b+b+b$$

이다. 그러므로 정팔각형의 넓이와 둘레와의 관계는

$$A = \frac{1}{2}hL$$

이다.

아르키메데스는 무한히 많은 변을 가진 정다각형을 생각해도 이 관계가 성립한다고 생각했다. 그리고 무한히 많은 변을 가진 정다각형을 원이라고 생각할 수 있다고 생각했다. 이때 h는 원의 반지름 r이 되고 $L = 2\pi r$이 되니까 원의 넓이는

$$A = \frac{1}{2}r \times 2\pi r = \pi r^2$$

이 된다.

아르키메데스는 원을 정다각형에서 변의 개수가 무한개가 되는 극한으로 생각했다. 극한의 개념은 훗날 뉴턴과 라이프니츠에 의해 도입되는데 그보다 거의 2천여 년 전에 아르키메데스는 극한의 개념과 무한대의 개념을 알고 있었다.

아르키메데스는 원주율 π의 값을 구하기 위해 원에 내접하는 정다각형과 외접하는 정다각형의 생각했다. 다음처럼 원에 내접하는 정사각형과 외접하는 정사각형을 그려보자.

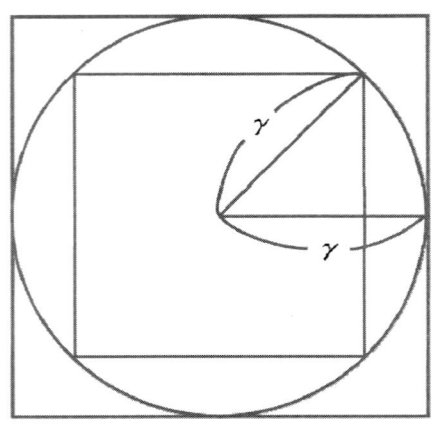

그러면 다음과 같은 부등식이 성립한다.

(내접정사각형 넓이) < πr^2 < (외접정사각형 넓이)

외접정사각형의 한 변의 길이는 $2r$이므로

(외접정사각형 넓이) = $(2r)^2 = 4r^2$

이다. 내접 정사각형의 한 변의 길이는

$$2 \times \frac{r}{\sqrt{2}} = \sqrt{2}\,r$$

가 되므로

(내접정사각형 넓이) = $(\sqrt{2}\,r)^2 = 2r^2$

이다. 그러니까 부등식은

$$2r^2 < \pi r^2 < 4r^2$$

이 되어,

$$2 < \pi < 4$$

가 된다. 아르키메데스는 이 방법을 정육각형, 정십이각형, 정이십사각형, 정사십팔각형, 정구십육각형까지 적용했다.

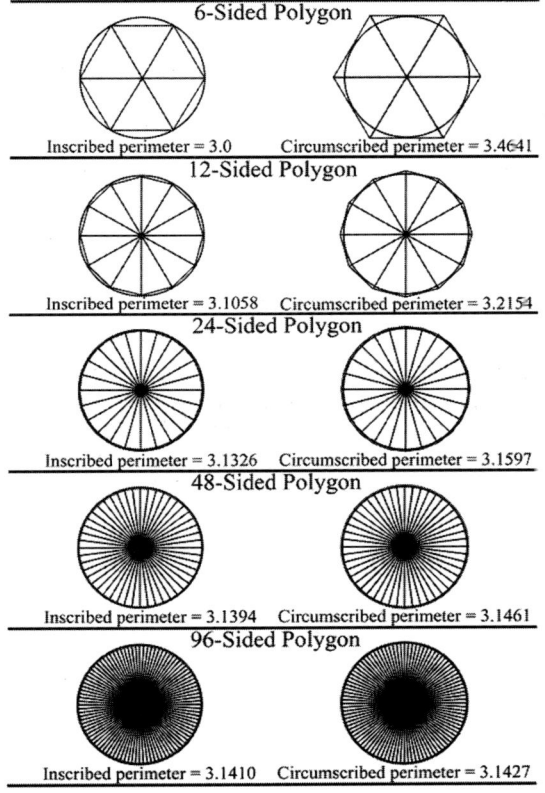

그 결과 아르키메데스는 다음과 같은 부등식을 얻었다.

$$3\frac{10}{71} < \pi < 3\frac{1}{7}$$

이것을 소수로 고쳐쓰면

$$3.1408\cdots < \pi < 3.1428\cdots$$

이 된다. 현재의 원주율 3.141592…는 바로 이 범위 안에 있다.

아르키메데스 이후에 더 정확하게 원주율을 계산한 수학자들도 있다. 150년 경, 태양중심설을 주장한 그리스의 프톨레마이오스는 원에 내접하는 360각형을 만들어 아르키메데스보다 정교한 근사값인 3.1416을 얻었다. 480년 경 중국의 조충지는 원주율로 $\frac{355}{113} = 3.14159292\cdots$를 사용했고, 1150년 인도의 바스카라는 원주율을 $\frac{3927}{1250} = 3.1416$으로 사용했다. 프랑스의 비에트(Francois Viete 1540-1603)는 정393216각형을 이용해 원주율을 소수 9째자리수 까지 정확하게 계산했고, 네덜란드의 쿨렌(Ludolph van Cullen 1540-1610)은 정 2^{62} 각형을 이용해 원주율을 소수 35번째 자리까지 정확하게 구했다.

2-3 구의 표면적과 구의 부피

원의 넓이를 계산한 아르키메데스의 다음 목적은 구의 표면적과 부피를 계산하는 일이었다. 그는 원주율을 구하는 방법과 유사한 방법을 사용했다.

아르키메데스가 반지름이 r인 구의 표면적을 구한 방법을 알아보자. 아르키메데스는 구는 원을 회전시켜서 만들 수 있다는 것을 알았다. 아래 그림에서 원을 지름 AB중심으로 돌리면 구가 만들어진다. 아르키메데스는 AB를 여러 개로 등분하여 A에서 시작해 B에서 끝나게 했다.

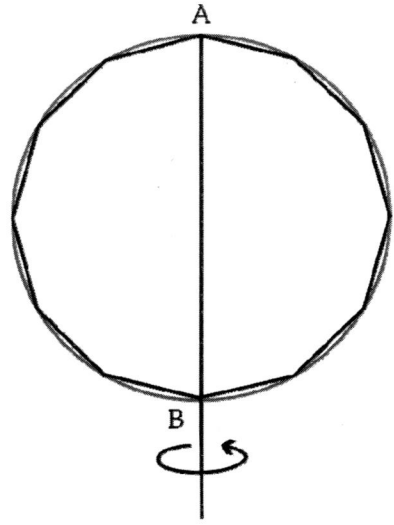

아르키메데스는 이 그림을 AB 주위로 회전시켜 다음 그림을 얻었다.

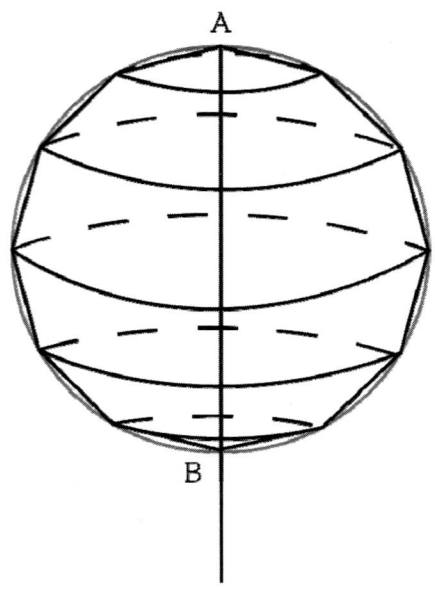

아르키메데스는 원뿔이나 원뿔대의 옆넓이를 구하는 방법을 알고 있었으므로 이 방법으로 구의 표면적을 구할 수 있었다. 그 결과 그는 반지름 r인 구의 표면적 A가

$$A = 4\pi r^2$$

이 된다는 것을 알아냈다.

아르키메데스는 구의 부피는 반구의 부피의 두 배이므로 반구의 부피를 구했다. 반구의 중심 O를 지나고 반구의 바닥면에 수직인 반지름 OA를

OA를 여러 개로 나누는 방법을 썼다.

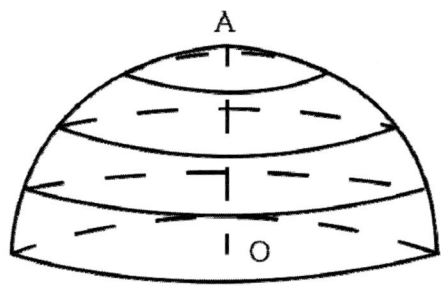

그 다음 반구의 부피를 다음 그림과 같이 원기둥들의 부피의 합으로 생각했다.

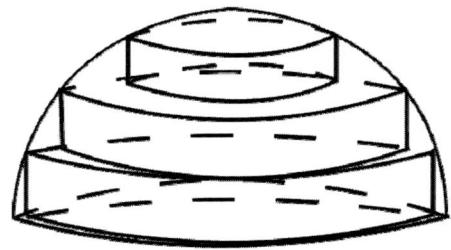

아르키메데스는 OA를 더 잘게 나누게 되면 반구의 부피와 원기둥들의 부피의 합과 같아질 거라 생각했다. 이 방법으로 아르키메데스는 구의 부피 V가

$$V = \frac{4}{3}\pi r^3$$

이 된다는 것을 알아냈다.

구의 부피를 구하는 또 다른 방법이 있다. 아르키메데스는 이집트 사람들이 구한 정사각뿔대의 부피 공식을 떠올렸다. 그리고는 다음과 같은 사실을 알아냈다.

● 윗면의 넓이가 B, 아랫면의 넓이 A이고 윗면과 아랫면에서 거리가 같은 단면의 넓이가 C이고 윗면과 아랫면 사이의 거리(입체의 높이)가 h인 정사각뿔대의 부피는

$$V = \frac{A + 4C + B}{6} \times h$$

이다.

정사각뿔대의 윗면의 한 변의 길이를 b, 아랫면의 한 변의 길이를 a라고 하고 윗면과 아랫면으로부터 같은 거리에 있는 정사각형의 한 변의 길이를 c라고 하면

$$A = a^2$$

$$B = b^2$$

$$C = c^2$$

이다. 이 입체도형을 옆에서 본 그림은 다음과 같다.

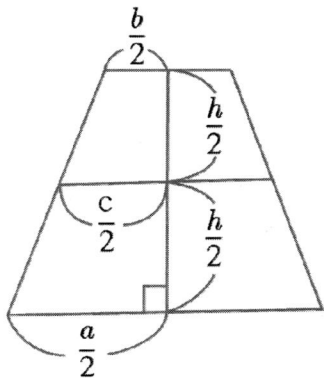

이제 다음 그림과 같은 사각뿔의 단면을 그려보자.

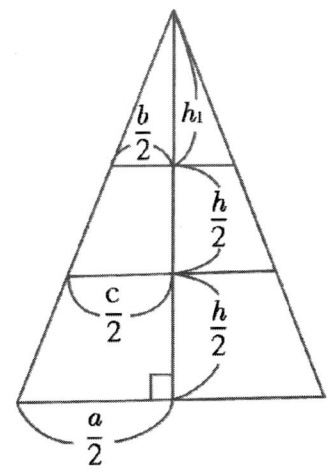

사각뿔의 높이는 h_1+h이다. 이때 닮음으로부터

$$h_1:\frac{b}{2}=h_1+h:\frac{c}{2} \quad (8\text{-}3\text{-}1)$$

$$h_1:\frac{b}{2}=h_1+h:\frac{a}{2} \quad (8\text{-}3\text{-}2)$$

가 된다. 이 두 식은 다음과 같이 쓸 수 있다.

$$\frac{b}{2}\left(h_1+\frac{h}{2}\right)=\frac{c}{2}h_1 \quad (8\text{-}3\text{-}3)$$

$$\frac{b}{2}(h_1+h)=\frac{a}{2}h_1 \quad (8\text{-}3\text{-}4)$$

(8-3-4)에서

$$h_1=\frac{b}{a-b}h$$

가 되므로

$$c=\frac{a+b}{2}$$

이다. 이때

$$V=\frac{h}{3}(A+B+\sqrt{AB})$$

$$=\frac{h}{6}(A+B+4C)$$

가 된다. 일반적으로 이 식은 단면이 모두 닮은 평면도형인 입체도형의 부피에 대해 성립한다. 윗면의 넓이를 A, 아랫면의 넓이를 B라고 하고, 윗면과 아랫면에서 거리가 같은 단면의 넓이를 C라고 하고 윗면과 아랫면 사이의 거리(입체의 높이)를 h라고 하면 이 입체도형의 부피 역시

$$V = \frac{h}{6}(A+B+4C)$$

가 된다. 아르키메데스는 구를 다음과 같이 생각했다.

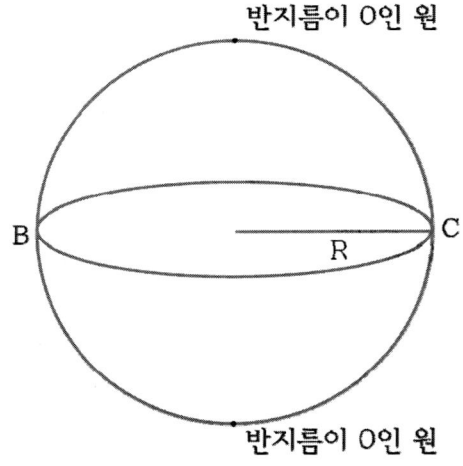

세 개의 닮음인 면을 위 그림과 같이 택하면

$$A = 0$$
$$B = 0$$

이고

$$C = \pi R^2$$

이다. 이때 높이는

$$h = 2R$$

이므로

$$V = \frac{1}{6}(0 + 0 + 4 \times \pi R^2) \times 2R = \frac{4}{3}\pi R^3$$

이 된다.

(Apollonius of Perga 그리스 기원전 240- 기원전 190)

제3장

아폴로니우스의 원뿔곡선

3-1 타원 포물선 쌍곡선

그리스 수학의 황금시대는 기원전 300년부터 기원전 200년까지로 세 명의 위대한 수학자가 유명한데 그 세명은 유클리드와 아르키메데스와 아폴로니우스이다.

아폴로니우스는 그리스의 식민지인 페르가(현재의 튀르키에 남부)에서 태어났다. 아폴로니우스는 알렉산드리아에서 수학교육을 받고 그곳에서 학생들을 가르쳤다. 하지만 아폴로니우스의 일생에 대해서는 거의 알려진 게 없다.

아폴로니우스는 메니에크무스의 원뿔곡선인 타원, 포둘선, 쌍곡선에 대한 많은 연구를 했다. 타원은 찌그러진 원이라는 뜻이다. 두 개의 압핀에 실을 헐렁하게 연결하고 실을 펜으로 팽팽하게 당기면서 회전시키면 타원이 그려진다. 다음 그림처럼 두 개의 압핀이 있는 점을 F,G이라고 하면 P가 만드는 도형이 타원이 된다.

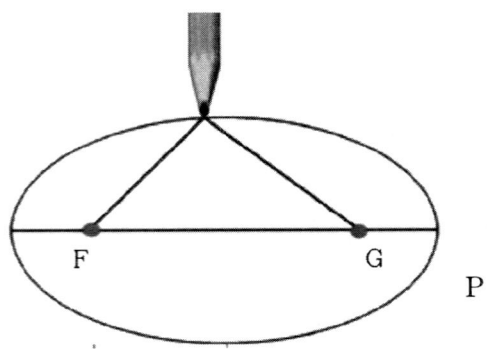

이때 두 점 F,G를 타원의 두 초점이라고 부른다. 실의 길이가 일정하므로 타원위의 점들은 두 초점으로 부터의 거리의 합이 일정하다. 즉, 타원위의 임의의 점을 P라고 하면

$$PF의 \ 길이 + PG의 \ 길이 = 실의 \ 길이 = 일정$$

이라는 관계가 성립한다. 이제 PF의 길이를 $\overline{PF}$라고 쓰자. 그러면

$$\overline{PF} + \overline{PG} = 일정$$

이 된다.

원 위의 모든 점은 원의 중심으로부터 같은 거리에 있는데 타원 위의 점은 중심으로부터 거리가 같지 않다. 타원을 이해하려면 원부터 이해해야 한다. 다음 그림을 보자.

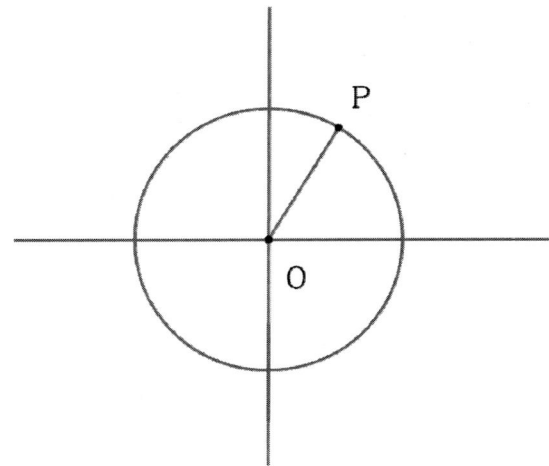

　이때 점 P가 원 위를 움직이는 임의의 점이라고 해보자. 그러면 점 P가 원 위의 어느 곳에 있던지 OP의 길이는 달라지지 않는다. 이 길이를 원의 반지름이라고 부른다. 이제 원의 방정식을 구해보자. 다음 그림처럼 원 위의 한 점 P를 좌표로 나타내보자. 그러면

$$P(x, y)$$

가 된다.

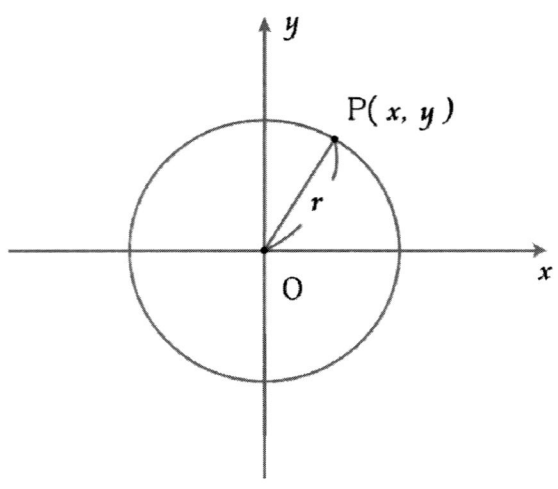

원의 반지름을 r이라고 두면,

$$\overline{OP} = r$$

이 된다. 피타고라스 정리로부터

$$\overline{OP}^2 = x^2 + y^2$$

이니까 원의 방정식은

$$x^2 + y^2 = r^2$$

이 된다.

이제 다음 그림과 같은 타원을 생각하자.

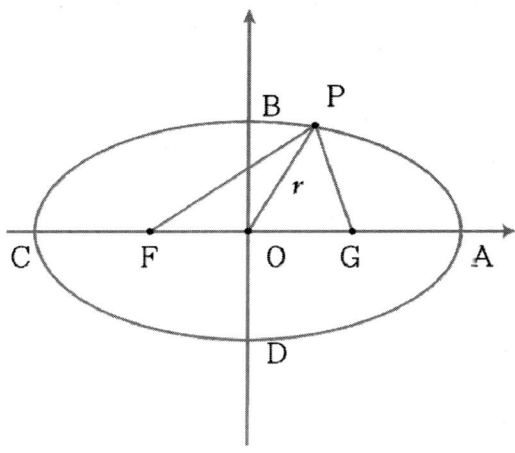

점 P가 타원을 따라 움직이는 경우를 생각해보자. 이때 두 초점 F, G를 연결한 선분의 중점을 O라고 하면 이 점이 바로 타원의 중심이다. 점 P가 타원을 따라 움직이면 OP의 길이는 계속 달라진다. 점 P가 A를 출발해 B, C, D를 거쳐 다시 A로 돌아오는 경우를 생각해보자. A는 점 O에서 가장 먼 곳이니까 점 P가 이곳에 있을 때 OP의 길이가 최대가 되었다가 B로 가는 동안 OP의 길이가 줄어들어 B에 도착하면 OP의 길이가 제일 작아진다. 그 다음 C로 가는 동안은 OP의 길이가 점점 길어져 C에 도착했을 때 OP의 길이가 최대가 된다. 이런 식으로 타원에서는 중심과 타원 위의 점 사이의 거리는 일정하지 않다.

타원에서는 중심에서 가장 멀리 떨어져 있을 때 중심으로브터의 거리를 긴 반지름이라고 하고 가장 가깝게 떨어져 있을 때의 거리를 짧은 반지름이라고 부른다. 즉, OA의 길이와 OC의 길이는 긴 반지름이고 OB의 길이와 OD의 길이는 짧은 반지름이다. 이 두 반지름이 같은 특별한 타원이 원이다.

점 P가 A에 있을 때 두 초점으로부터의 거리의 합을 생각하자. 초점 G로부터의 거리는 GA의 길이이고 초점 F로부터의 거리는 FA의 거리가 되니까

$$(\text{두 초점으로 부터의 거리의 합}) = \overline{GA} + \overline{FA}$$

이다. 그런데 AF의 길이는 OA의 길이와 FO의 길이의 합이니까

$$\overline{AF} = \overline{AO} + \overline{FO}$$

이라고 쓸 수 있다. 즉 긴 반지름과 원점으로부터 초점까지 거리의 합이다. 그리고 GA의 길이는 OA의 길이에서 OG의 길이를 뺀 길이니까

$$\overline{GA} = \overline{OA} - \overline{OG}$$

이다. 또한, 타원의 중심 O는 선분 FG의 중점이니까 OF의 길이와 OG의 길이는 같다. 그러니까

$$\overline{GA} = \overline{OA} - \overline{OF}$$

이다. 이때 두 초점으로부터 거리의 합은

$$\overline{OA} - \overline{OF} + \overline{OA} + \overline{OF} = 2 \times \overline{OA}$$

이다. 즉, 타원에서는 두 초점으로부터의 거리의 합이 긴 반지름의 두 배와 같다.

이제 타원의 방정식을 알아보자. 그러기 위해 우선 두 점 사이의 거리 공식을 알아보자. 두 점 $P(x_1, y_1)$과 $Q(x_2, y_2)$ 사이의 거리를 구해보자. 다음 그림을 보자.

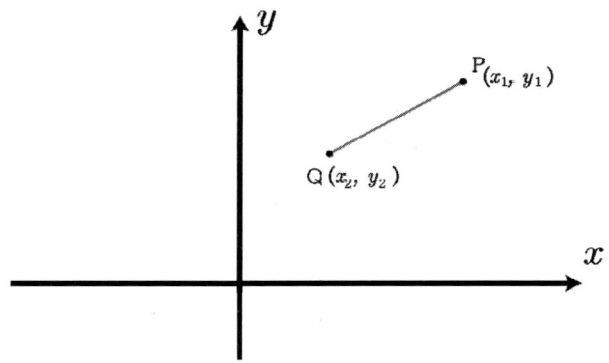

이번에는 다음 그림을 보자.

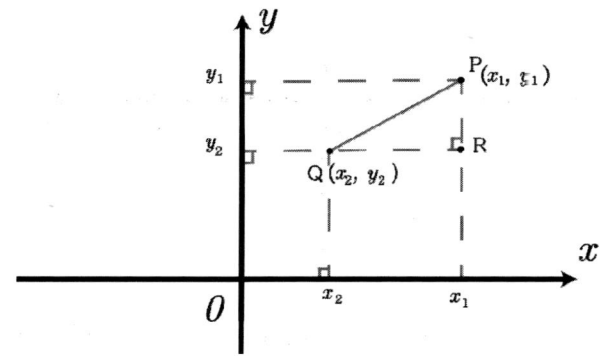

삼각형 PQR에서

$$\overline{PR} = y_1 - y_2$$
$$\overline{QR} = x_1 - x_2$$

이다. 삼각형 PQR는 직각삼각형이니까 피타고라스 정리를 사용하면,

$$\overline{PQ}^2 = \overline{PR}^2 + \overline{QR}^2$$

이다. 그러니까 P와 Q사이의 거리는

$$\overline{PQ} = \sqrt{(x_1 - x_2)^2 + (y_1 - y_2)^2}$$

이다.

이제 타원의 방정식을 구해보자. 다음 그림을 보자.

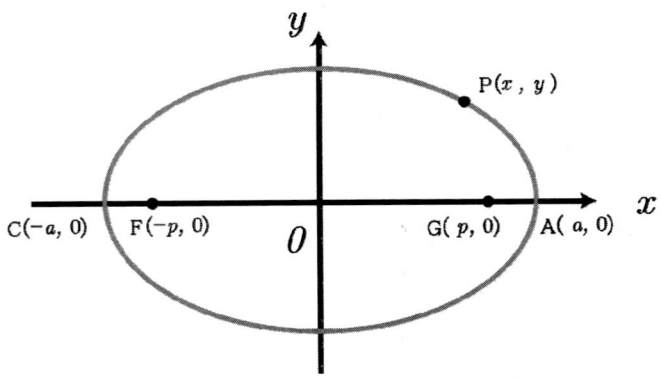

두 초점의 좌표를 F($-p, 0$)와 G($p, 0$)라고 두었다. 이 타원에서 긴

반지름은 a이다. 타원의 정의에 의해

$$\overline{PF} + \overline{PG} = 2a$$

또는

$$\sqrt{(x+p)^2 + y^2} + \sqrt{(x-p)^2 + y^2} = 2a$$

이다. 이 식은 다음과 같이 쓸 수 있다.

$$\sqrt{(x+p)^2 + y^2} = 2a - \sqrt{(x-p)^2 + y^2}$$

이 식의 양변을 제곱하면

$$(x+p)^2 + y^2 = (x-p)^2 + y^2 + 4a^2 - 4a\sqrt{(x-p)^2 + y^2}$$

가 되고, 이 식을 정리하면

$$px - a^2 = -a\sqrt{(x-p)^2 + y^2}$$

이다. 양변을 제곱해 정리하면

$$(a^2 - p^2)x^2 + a^2 y^2 = a^2(a^2 - p^2)$$

이다. 양변을 $a^2(a^2 - p^2)$으로 나누면

$$\frac{x^2}{a^2} + \frac{y^2}{a^2 - p^2} = 1$$

이 되는데, 이것이 바로 타원의 방정식이다.

타원은 재미난 성질이 있다. 타원의 한 초점에서 나온 빛이 벽과 부딪친 후 반사된 빛은 항상 다른 초점을 지나는 성질이 있다.

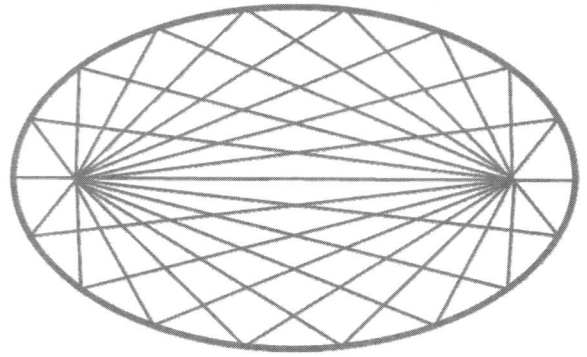

어떤 점 F로부터의 거리와 직선 g까지의 거리가 같은 점들의 모임을 포물선이라고 부른다.

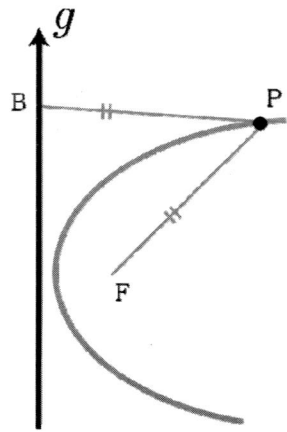

이때 F를 포물선의 초점이라고 부른다. 포물선의 방정식은

$$y^2 = cx \quad (c는 상수)$$

의 꼴이 된다. 포물선의 재미있는 성질이 있다. 거울을 포물선 모양으로 만들면 반사된 빛이 항상 초점에 모이는 성질이 있다.

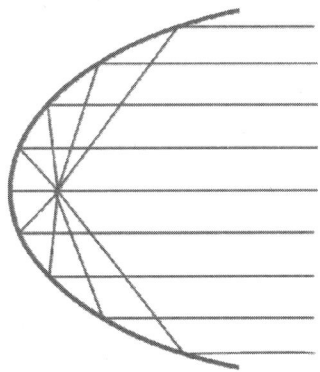

마찬가지로 쌍곡선은 두 점 F, G로부터의 거리의 차가 일정한 점 P들의 모임이다.

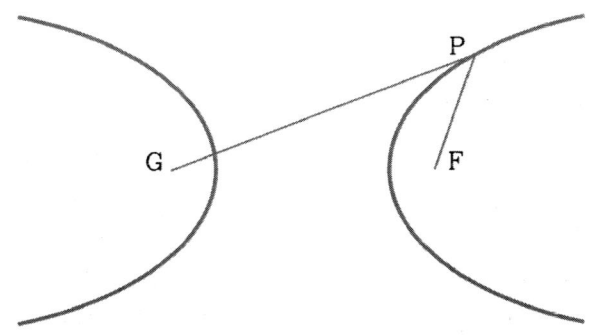

쌍곡선의 방정식은 다음과 같은 모양이다.

$$\frac{x^2}{a^2} - \frac{y^2}{b^2} = 1$$

3-2 아폴로니우스의 원뿔곡선 연구

아폴로니우스는 자신의 책 <원뿔곡선>에서 원뿔곡선을 얻는 새로운 방법을 소개했다. 아폴로니우스는 같은 모양의 원뿔 두 개를 꼭짓점을 맞대고 축을 한 직선 위에 놓게 하여 세 종류의 원뿔곡선을 정의했다.

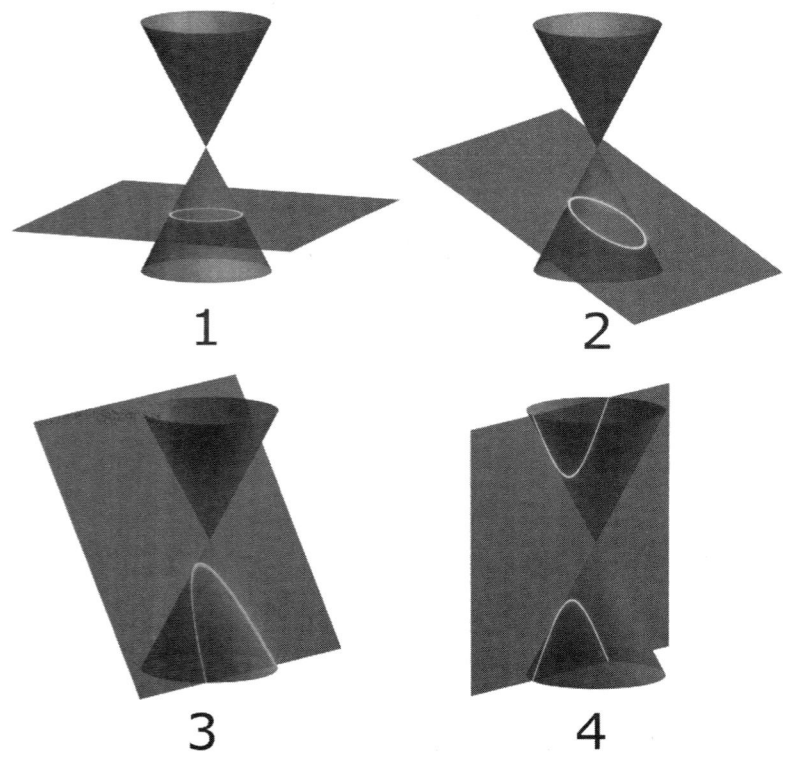

아폴로니우스는 이런 원뿔을 맞꼭지 원뿔이라고 불렀다. 그리고 타원, 포물선, 쌍곡선이라는 이름을 붙인 것도 아폴로니우스이다.

이제 아폴로니우스가 원뿔을 비스듬하게 잘라 타원을 얻은 과정을 알아보자.

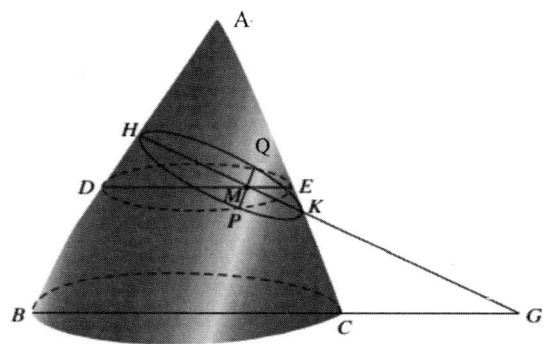

그림에서 A는 원뿔의 꼭지점, BC는 원뿔의 밑변인 원의 지름이다. 원뿔을 비스듬히 자른 단면은 HPKQ이다. G는 HK의 연장선과 BC의 연장선이 만나는 점이다. 그리고 원 DPEQ는 밑면과 평행인 단면이다. 그리고 M은 P에서 DE에 내린 수선의 발이고 Q는 PM의 연장선이 원 DPEQ와 만나는 점이다.

이때 삼각형 HDM과 삼각형 HBG가 닮음이니까

$$\frac{\overline{DM}}{\overline{HM}} = \frac{\overline{BG}}{\overline{HG}} \quad (9\text{-}2\text{-}1)$$

삼각형 MEK와 삼각형 KCG가 닮음이니까

$$\frac{\overline{ME}}{\overline{MK}} = \frac{\overline{CG}}{\overline{KG}} \quad (9\text{-}2\text{-}2)$$

이다. 이번에는 다음 원을 보자.

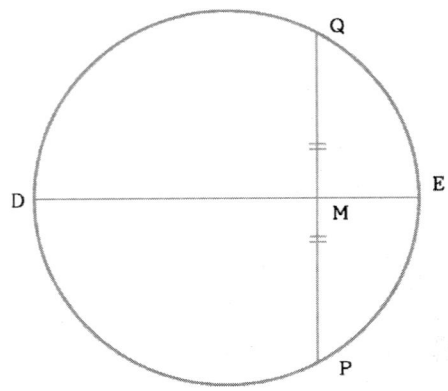

이 원에서

$$\overline{QM} = \overline{MP}$$

가 되고, 원의 성질로부터

$$\overline{PM}^2 = \overline{DM} \cdot \overline{ME} \quad (9\text{-}2\text{-}3)$$

이다. 식(9-2-1)와 식(9-2-2)를 식(9-2-3)에 넣으면

$$\overline{PM}^2 = c\overline{HM} \cdot \overline{MK} \quad (9\text{-}2\text{-}4)$$

가 된다. 여기서

$$c = \frac{\overline{BG} \cdot \overline{CG}}{\overline{HG} \cdot \overline{KG}}$$

라고 두었다. 이것이 바로 아폴로니우스가 발견한 타원이다.

다음과 같이 좌표를 나타내보자.

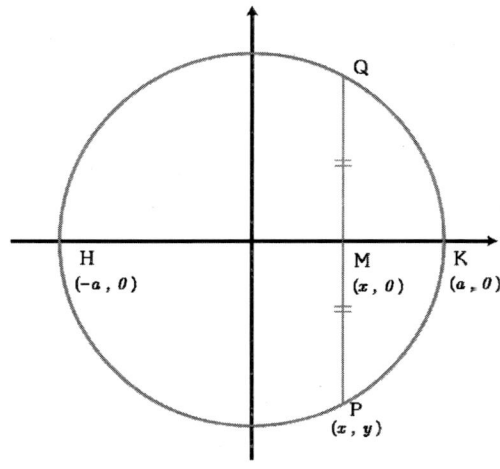

이때

$$\overline{PM}^2 = y^2$$

$$\overline{HM} = x + a$$

$$\overline{MK} = a - x$$

가 되니까 식(9-2-4)는

$$y^2 = c(a+x)(a-x)$$

또는

$$\frac{x^2}{a^2} + \frac{y^2}{ca^2} = 1 \quad (9\text{-}2\text{-}5)$$

이 되어, 타원을 나타낸다.

여기서 사용한 원의 성질 (9-2-3)을 증명해보자.

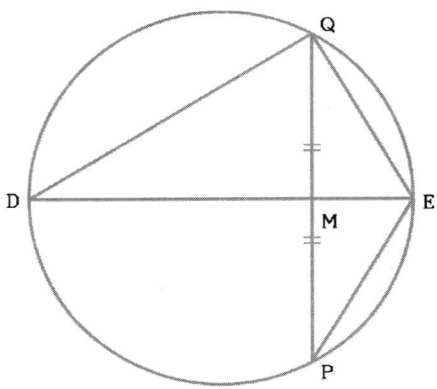

위 그림에서 삼각형 DQM과 삼각형 QEM은 닮음이고, 삼각형 QEM과 삼각형 PEM은 합동이니까 삼각형 DQM과 삼각형 PEM은 닮음이다. 그러니까

$$\overline{DM} : \overline{QM} = \overline{PM} : \overline{ME}$$

가 되고, $\overline{QM} = \overline{MP}$이므로 식(9-2-3)가 성립한다.

아폴로니우스는 타원을 구하는 방법과 비슷한 방법으로 포물선과 쌍곡선의 관계식도 찾아냈다.

제4장
그리스의 삼각법

4-1 히파르쿠스와 chord

그리스 수학자들의 또 하나의 위대한 발견은 삼각비의 발견이다. 삼각비는 직각삼각형에서 다음과 같이 정의된다.

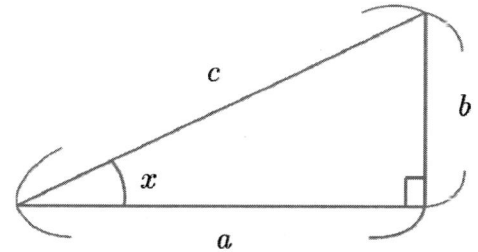

삼각비의 삼총사 사인, 코사인, 탄젠트를 다음과 같이 정의된다.

$$\sin x = \frac{b}{c}$$

$$\cos x = \frac{a}{c}$$

$$\tan x = \frac{b}{a}$$

하지만 그리스 사람들은 사인, 코사인, 탄젠트를 사용하지 않았다.

삼각형에 관한 수학 연구에 대해서는 1858년 고고학자 린드(Alexander Henry Rhind 1833 – 1863)가 이집트의 룩소에서 발견한 린드 파피루스에 적혀있는 내용이 가장 오래된 기록이다. 기원전 시대 삼각형에 관한 수학은 이집트나 메소포타미아를 통해 많은 것들이 연구되었다. 이 연구 내용들은 대부분은 고대 그리스의 수학자 유클리드의 <<원론>>이라는 책에 수록되어 있다.

유클리드는 삼각함수에 대한 개념을 직각삼각형의 닮음에서 찾았다. 다음 그림을 보자.

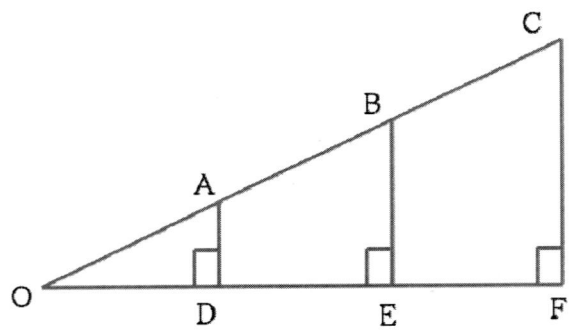

위 그림에서 삼각형 AOD, 삼각형 BOE, 삼각형 COF는 닮음이다. 닮음의 성질로부터

$$OA : AD = OB : BE = OC : CF$$

가 된다. 이것을 다시 쓰면

$$\frac{AD}{OA} = \frac{BE}{OB} = \frac{CF}{OC}$$

이 된다. 이 비 값을 지금의 삼각함수로 나타내면

$$\sin \angle O$$

가 된다. 즉, 유클리드는 사인이라는 기호를 사용하지 않았을 뿐 사인의 정의에 대해 알고 있었다.

그리스 사람들은 호에 대응되는 현의 길이를 나타내는 것을 삼각비 대신 사용했다. 그들은 원에서 다음과 같은 호 AB와 두 반지름으로 둘러싸인 부채꼴을 생각했다. 부채꼴의 중심각을 θ라고 하자.

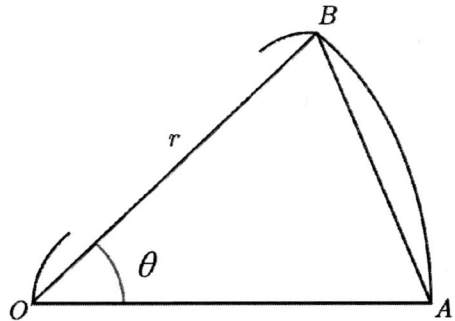

그리스 수학자들은 현 AB의 길이를

$$\overline{AB} = \text{chord } \theta$$

라고 썼다. 이것을 지금의 삼각비로 나타낼 수 있다. 다음 그림을 보자.

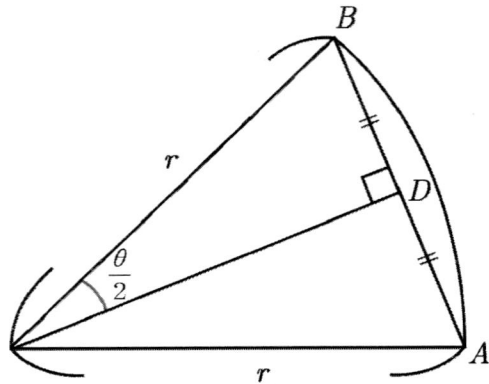

이등변삼각형 OAB에서 O에서 변 AB로 내린 수선의 발을 D라고 하면

$$\overline{BD} = \overline{DA}$$

가 되고,

$$\overline{BD} = r\sin\frac{\theta}{2}$$

가 되니까,

$$\text{chord}\,\theta = 2r\sin\frac{\theta}{2}$$

가 된다. 이것이 그리스 사람들이 사용한 사인의 정의이다. 여러 가지 각에 대한 chord의 표를 처음 만든 사람은 삼각비의 아버지라고 부르는 히파르쿠스이다.

(Hipparchus 기원전 190 – 기원전 120, 그리스)

히파르쿠스는 니케아(현재 튀르키예 북서부의 도시인 이즈니크(Iznik)의 옛 이름)에서 태어났다. 히파르쿠스는 로도스 섬에 관측소를 만들어 별들을 관측했다. 훗날 로마 시대에 사용된 1022개의 별들 중 850개를 그가 발견했다. 그는 별을 밝기에 따라 1등성부터 6등성까지로 구분했는데 가장 밝은 별을 1등성이라고 하고 눈에 겨우 보이는 별을 6등성으로 정의했다.

히파르코스 이후, 거의 2천년 동안 1등성이 2등성보다 얼마나 더 밝은 것인지에 대해서는 제대로 알려지지 않았다. 1865년 영국의 천문학자 포그슨은 처음으로 히파르쿠스가 정한 1등급의 별이 6등급의 별에 비해 약 백 배 밝다는 것을 알아냈다. 즉 다섯 등급의 차이가 백배의 밝기를 가지므로 한 등급 차이는 약 2.512배의 밝기 차이가 난다.

4-2 아리스타르코스, 달과 태양사이의 거리의 비를 구하다.

고대 그리스에서는 천문학을 위해 삼각비 연구가 많이 필요했다. 삼각비를 이용해 재미있는 천문학 계산을 한 사람은 사모스의 아리스타르코스이다.

(Aristarchus of Samos 기원전 310 – 기원전 230 그리스)

아리스타르코스는 고대 그리스의 천문학자이자 수학자로, 태양을 중심으로 지구가 공전한다는 것을 처음 주장한 과학자이다. 아리스타르코스는 태양이 우주 중심에 정지해있고 그 주위를 지구를 포함한 여섯 개의 행성이 돌고 있으며 별은 너무 멀리 떨어져 있어 한 점으로 보인다고 생각는데 이것을 태양중심설이라고 부른다. 게다가 그는 지구7- 축을 중심으로 자전운동을 한다는 것과 지구는 1년에 한 번 태양 주위를 공전한다는 것도 알아냈다. 하지만 당시에는 아리스토텔레스가 주장한 지구중심설이 지배적인 이론이라 아리스타르코스의 태양중심설은 무시된 편이었다.

　아리스타르코스는 최초로 지구에서 태양과 달까지의 거리를 추정했다. 아리스타르코스가 사용한 방법은 매우 간단하다. 태양과 반달이 하늘에 동시에 나타날 때(상현달은 정오를 넘긴 오후에 해와 함께 볼 수 있고, 하현달은 오전에 해와 함께 볼 수 있다) 달을 유심히 토자. 달이 빛나는 것은 태양 빛을 반사하기 때문이라는 사실을 기억해 보면 둥근 달의 반을 나누는 경계선과 수직 방향에 태양이 있다는 것을 알 수 있다. 그것을 바라보는 관측자가 지구에 있다는 것을 고려하면 지구와 달, 태양이 직각삼각형이 된다.

이때 ∠BAC = θ 라고 하면 각 B가 직각이므로

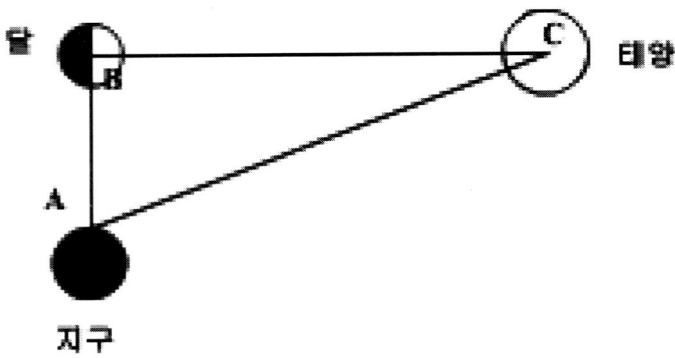

$$\cos\theta = \frac{\overline{AB}}{\overline{AC}}$$

이 된다. $\overline{AB}$는 지구와 달 사이의 거리이고, $\overline{AC}$는 지구와 태양 사이의 거리이므로 θ를 알면 두 거리의 비를 알 수 있다. 아리스타르코스의 관측에 의하면 θ = 87°였다. 이 값을 위 식에 대입하면

$$\overline{AC} \cong 19 \times \overline{AB}$$

가 된다. 하지만 아리스타르코스의 관측은 정확하지 않았다. 실제로 지구와 태양사이의 거리는 지구와 달까지의 거리의 약 400배 정도이다.

4-3 지구는 얼마나 클까? - 에라토스테네스

이제 지구의 크기를 처음 계산해낸 에라토스테네스의 이야기로 들어가 보자.

(Eratosthenes of Cyrene 기원전 276 - 기원전 195/194 그리스)

에라토스테네스는 기원전 276년 그리스의 식민도시 키레네(Cyrene, 현재 리비아 북부 해안 도시)에서 태어났다. 알렉산더 대왕은 기원전 332년에 키레네를 정복했고 기원전 323년에 사망한 후 그의 장군 중 한 명인 프톨레마이오스 왕국의 창시자인 프톨레마이오스 1세 소테르에게 통치권이 주어졌다. 프톨레마이오스 1세 시대에 키레네에는 경제적으로 번성했고, 지식이 꽃피는 도시였다.

에라토스테네스는 학업을 계속하기 위해 아테네로 갔다. 그곳에서 철학을 공부한 에라토스테네스는 칼리마코스 밑에서 시를 배우고 그때부터 시를 쓰기 시작했다. 그는 천문학에 대한 시 <헤르메스, Hermes>를 썼다. 그는 기원전 245년에 알렉산드리아 도서관의 사서로 일하다가 5년 후 도서관장이 되었다.

에라토스테네스는 소수가 아닌 수를 걸러내면서 소수만을 남기는 방법으로 1부터 어떤 자연수까지 소수를 모두 찾아내는 방법을 알아냈는데 마치 체를 통해 불순물을 걸러내는 과정과 비슷하다고 해서 이 방법을 에라토스테네스의 체라고 부른다.

에라토스테네스의 방법으로 1부터 50까지 수 중에서 소수를 모두 찾아보자. 우선 1부터 50까지의 수를 모두 적는다.

1	2	3	4	5	6	7	8	9	10
11	12	13	14	15	16	17	18	19	20
21	22	23	24	25	26	27	28	29	30
31	32	33	34	35	36	37	38	39	40
41	42	43	44	45	46	47	48	49	50

우선 1은 소수가 아니니까 지운다. 2는 소수이지만 2를 제외한 2의 배수를 모두 써보면

$$4, 6, 8, 10, \cdots$$

가 되는 데 이 수들은 모두 2를 약수로 가지므로 소수가 아니다. 그러므로 2를 제외한 2의 배수를 모두 지우면 다음 수들이 남는다.

	2	3		5		7		9
11		13		15		17		19
21		23		25		27		29
31		33		35		37		39
41		43		45		47		49

2 다음으로 작은 소수는 3이다. 같은 방법으로 3을 제외한 모든 3의 배수를 지우면 다음 수들이 남는다.

	2	3		5		7		
11		13				17		19
		23		25				29
31				35		37		
41		43				47		49

같은 방법으로 5를 제외한 모든 5의 배수를 지우면 다음과 같다.

	2	3		5		7		
11		13				17		19
		23						29
31						37		39
41		43				47		49

같은 방법으로 7을 제외한 7의 배수를 모두 지우면 다음과 같다.

	2	3		5		7		
11		13				17		19
		23						29
31						37		39
41		43				47		

다음에는 11을 제외한 11의 배수를 모두 지운다. 하지만 더 이상 지울 것이 없다. 11의 배수인 22,33,44가 이미 지워진 후였기 때문이다. 다시 3을 제외한 13의 배수가 모두 지운다. 이때 39가 사라진다.

	2	3		5		7		
11		13				17		19
		23						29
31						37		
41		43				47		

 이런 식으로 계속하면 위 표와 같은 수들이 남는다. 이 수들이 바로 1과 50 사이의 소수들이다. 이렇게 소수를 구하는 방법을 처음 알아낸 수학자가 바로 에라토스테네스이다.

 에라토스테네스의 또 하나의 업적은 지구의 반지를 계산이다. 이제 에라토스테네스의 방법을 알아보자.

 알렉산드리아에서 남동쪽으로 925km 떨어진, 시에네(현재의 아스완)는 하지 날 정오에 태양 광선이 수직으로 비춘다. 이 시각에 우물을 바라보는 사람은 우물에 반사된 눈 부신 빛을 경험한다. 같은 시각에 알렉산드리아에 세워놓은 막대에는 그림자가 생긴다. 알렉산드리아에서는 태양 광선이 7.2° 비스듬히 비추기 때문이다.

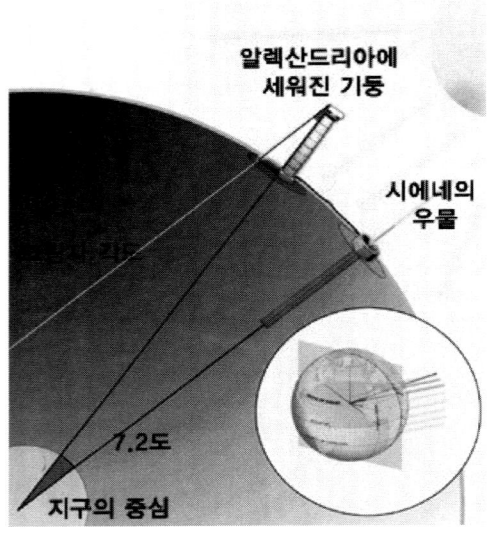

이제 다음 그림을 보자.

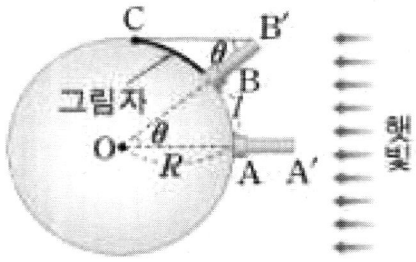

A를 시에네라고 하고, B를 알렉산드리아라고 하자. 에라토스테네스는 다음과 같은 두 가지 중요한 가정을 세웠다.

첫째, 지구는 완전한 공모양이다.

둘째, 지구로 들어오는 태양광선은 평행하다.

막대 AA'은 그림자가 생기지 않도록 햇빛과 나란히 세우고, 막대 BB'는 막대 AA'와 같은 경도에 놓이도록 세운다. ∠BB'C = θ라고 하면 ∠BOA는 ∠BB'C와 엇각이기 때문에 같다. 그러므로 ∠BOA = θ이다. 이때 부채꼴 BOA의 중심각 ∠BOA에 대응되는 부채꼴의 호의 길이는 호 AB의 길이인 l이다. 부채꼴의 호의 길이는 중심각에 비례하고 원둘레의 길이는 중심각이 360°이므로 지구의 반지름을 R이라고 하면 다음과 같은 비례식을 세울 수 있다.

$$\theta : l = 360° : 2 \times \pi \times R$$

여기서 R을 구하면

$$R = \frac{180° \times l}{\pi \times \theta}$$

가 된다. 여기에 에라토스테네스의 실험값인 $\theta = 7.2°$, $l = 925$km를 넣으면

$$R ≒ 7361 \text{ km}$$

가 된다. 이것은 지구의 실제 반지름보다 990 km 정도 큰 값이지만 당시의 측정수준으로 보면 거의 완벽한 측정을 했다고 볼 수 있다.

(Heron of Alexandria 10 - 70, 이집트 혹은 바빌로니아)

4-4 헤론, 삼각형의 넓이공식을 발견

　기원전 5세기 고대 그리스의 엠페도클레스는 그리스 신화에 나오는 올림포스 12신 중 하나인 미와 사랑의 여신 아프로디테가 네 개의 원소로 사람의 눈을 만들었고 그녀가 눈에 불을 붙여서 사람이 물체를 볼 수 있게 했다고 생각했다. 과학적으로 빛에 관한 최초의 성질을 발견한 사람은 그리스의 헤론이다.

　헤론은 이집트의 알렉산드리아에서 주로 활동했기 때문에 알렉산드리아의 헤론(Heron of Alexandria) 혹은 알렉산드리아의 헤로(Hero of Alexandria)라고도 불린다. 헤론이 언제 태어났는지, 언제 죽었는지는 분명하지 않다. 그러던 중 고대 과학사의 권위자인 노이게바우어(Otto Neugebauer)가 1938년에 헤론의 저작인 『디옵터에 관하여(De la Dioptra)』에 언급된 월식의 연대를 기원후 62년으로 추정했고, 그 이후 헤론의 생존 시기는 기원후 10년부터 70년 정도로 받아들여지고 있다.

　헤론이 살았던 시기, 즉 기원후 1세기는 헬레니즘 문명의 말기와 로마 문명의 초기에 해당한다. 알렉산드로스 대왕이 페르시아 제국을 정복한 기원전 330년부터 로마가 이집트를 병합한 기원전 30년까지는 헬레니즘 시대로 불린다. 헬레니즘 시대에는 이집트의 알렉산드리아를 중심으로 과학이 번성했다. 헤론은 이집트인이거나 바빌로니아인으로 추정되는데 그는 그리스에서 교육을 받았다.

　헤론의 대표적인 연구는 공기에 대한 연구로 그가 쓴 책 <기체학>에

기술되어 있다. 헤론은 최초로 증기기구를 발명한 것으로 알려져 있다. 기력구(aeolipile)라는 소형 증기기구가 그것인데, "헤론의 엔진(Heron's formula)"으로도 불린다.

(헤론의 증기기구)

위 그림에서 보듯이, 물을 가열하면 물은 수증기가 되어 공속으로 들어간다. 공에는 구부러진 갈고리형 분출관이 두 개 달려 있다. 수증기가 분출되면서 공이 빠르게 회전한다. 헤론의 기력구는 훗날 증기기관으로 발전된다.

헤론은 기력구 이외에도 다양한 발명품을 선보였다. 물의 힘으로 움직이는 수력 오르간이나 자동 연극장치, 동전을 던져 넣으면 자동으로 성수가 흘러나오도록 만들어진 자동 성수기 등 그는 다양한 발명품들을 만들었다.

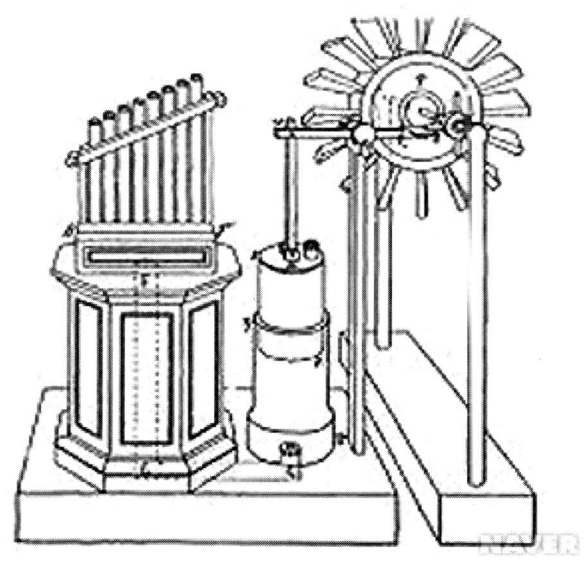

(헤론의 수력 오르간)

수학의 역사에서 헤론의 가장 큰 업적은 세 변의 길이를 알 때 삼각형의 넓이를 구하는 공식이다. 그는 세 변의 길이가 a, b, c인 삼각형의 넓이 A가

$$A = \sqrt{s(s-a)(s-b)(s-c)} ,$$

$$s = \frac{1}{2}(a+b+c) \quad (10\text{-}4\text{-}1)$$

로 주어진다는 것을 알아냈다. 이 공식을 헤론의 공식이라고 부른다.

이제 헤론이 식(10-4-1)를 어떻게 찾았는지 알아보자. 헤론은 먼저 삼각형에 내접하는 원을 그렸다.

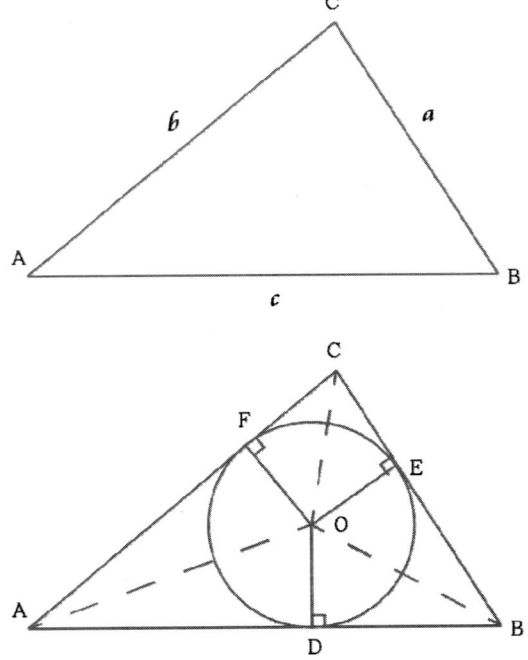

내접원의 반지름을 r이라고 하면

$$OF = OE = OD = r$$

이다. 삼각형 ABC의 넓이는 삼각형 OAB의 넓이와 삼각형 OBC의 넓이와 삼각형 OCA의 넓이의 합이므로

$$A = \frac{1}{2}cr + \frac{1}{2}ar + \frac{1}{2}br = sr \quad (10\text{-}4\text{-}2)$$

이 된다.

삼각형 AOF와 삼각형 AOD는 합동이고 삼각형 BOD와 삼각형 BOE는 합동이고 삼각형 COF와 삼각형 COE는 합동이다. 그러므로

$$AD = AF, \quad BD = BE, \quad CE = CF$$

$$\angle AOD = \angle AOF, \quad \angle BOD = \angle BOE, \quad \angle COE = \angle COF$$

가 성립한다.

헤론은 다음 그림과 같이 AG= CE가 되도록 AB의 연장선상에 점 G를 잡았다.

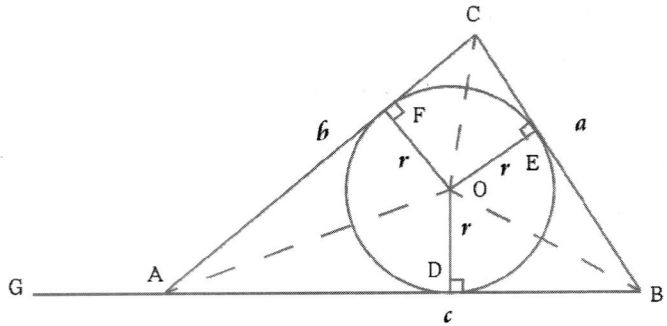

이때

$$BG = BD + AD + AG$$
$$= BD + AD + CE$$
$$= \frac{1}{2}(2\,BD + 2\,AD + 2\,CE)$$
$$= \frac{1}{2}(BD + BE + AD + AF + CE + CF)$$
$$= \frac{1}{2}(BD + AD + BE + CE + AF + CF)$$
$$= \frac{1}{2}(AB + BC + CA)$$
$$= s \quad (10\text{-}4\text{-}3)$$

위 식들로 부터

$$s - c = \overline{AG} \quad (10\text{-}4\text{-}4)$$

$$s - b = \overline{BG} - \overline{AC}$$
$$= (\overline{BD} + \overline{AD} + \overline{AG}) - (\overline{AF} + \overline{CF})$$
$$= (\overline{BD} + \overline{AD} + \overline{CE}) - (\overline{AD} + \overline{CE})$$
$$= \overline{BD} \quad (10\text{-}4\text{-}5)$$

가 되고, 같은 방법으로

$$s - a = \overline{AD} \quad (10\text{-}4\text{-}6)$$

를 얻는다.

헤론은 다음과 같은 그림을 도입했다.

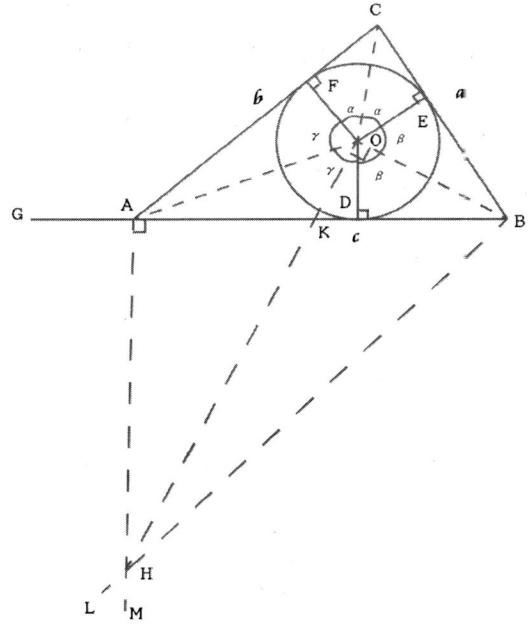

헤론은 다음식을 만족하도록 점 H를 택했다.

$$\angle AHB + \angle AOB = 180°$$

이다. 세 개의 각 α, β, γ 에 대해

$$2\alpha + 2\beta + 2\gamma = 360°$$

이므로

$$\alpha + \beta + \gamma = 180° \quad (10\text{-}4\text{-}7)$$

이 된다. 이때

$$\angle AHB = 180° - (\beta + \gamma) = \alpha$$

이므로 삼각형 COF와 삼각형 BHA는 닮음이다. 그러므로

$$\frac{\overline{AB}}{\overline{AH}} = \frac{\overline{CF}}{\overline{OF}} = \frac{\overline{CE}}{r} = \frac{\overline{AG}}{r}$$

또는

$$\frac{\overline{AB}}{\overline{AG}} = \frac{\overline{AH}}{r} \quad (10\text{-}4\text{-}8)$$

이다. 헤론은 삼각형 KAH와 삼각형 KDO의 닮음으로부터,

$$\frac{\overline{AH}}{r} = \frac{\overline{AK}}{\overline{KD}} \quad (10\text{-}4\text{-}9)$$

를 얻었다. 식(10-4-8)와 식(10-4-9)로부터

$$\frac{\overline{AB}}{\overline{AG}} = \frac{\overline{AK}}{\overline{KD}} \quad (10\text{-}4\text{-}10)$$

가 된다.

헤론은 삼각형 KDO와 삼각형 ODB의 닮음으로부터,

$$\frac{\overline{KD}}{r} = \frac{r}{\overline{BD}}$$

또는

$$\overline{KD} \cdot \overline{BD} = r^2 \quad (10\text{-}4\text{-}11)$$

헤론은 식(10-4-10)의 양변에 1을 더함으로써,

$$\frac{\overline{BG}}{\overline{AG}} = \frac{\overline{AD}}{\overline{KD}} \quad (10\text{-}4\text{-}12)$$

를 얻었다. 이 식은 다음과 같이 쓸 수 있다.

$$\frac{\overline{BG}}{\overline{AG}} \cdot \frac{\overline{BG}}{\overline{BG}} = \frac{\overline{AD}}{\overline{KD}} \cdot \frac{\overline{BD}}{\overline{BD}} \quad (10\text{-}4\text{-}13)$$

식(10-4-11)을 이용하면

$$\frac{\overline{BG}^2}{\overline{AG}\cdot\overline{BG}}=\frac{\overline{AD}\cdot\overline{BD}}{r^2} \quad (10\text{-}4\text{-}14)$$

이 된다. 식(10-4-3), (10-4-4), (10-4-5), (10-4-6)을 이용하면

$$r^2 s^2 = s(s-a)(s-b)(s-c)$$

가 되므로

$$rs = \sqrt{s(s-a)(s-b)(s-c)}$$

가 된다.

제5장
방정식의 아버지 디오판투스

5-1 디오판투스의 일생 방정식

방정식하면 떠오르는 디오판투스의 생애에 대해서는 거의 알려진 것이 없다. 하지만 그의 묘비에 쓰여있는 문제를 풀어보면 그는 84세에 죽었다.

(Diophantus of Alexandria 200-214 ~ 284 - 298 그리스)

이 묘비의 글의 번역하면 다음과 같다.

내 청년시절은 나의 일생의 $\frac{1}{6}$이다. 청년시절 이후 일생의 $\frac{1}{12}$ 시점을 지나 수염을 기르기 시작했다. 수염을 기른 지 12년 후 결혼을 했고 5년 후 아들을 얻었다. 내 아들은 내 일생의 반 밖에 살지 못했고 나는 아들이 죽은 4년 후에 생을 마감했다. 그렇다면 나는 얼마 동안 산 것인가?

디오판투스의 일생을 x 라고 놓으면

$$\frac{1}{6}x + \frac{1}{12}x + 12 + 5 + \frac{1}{2}x + 4 = x$$

라는 방정식이 된다. 이 방정식을 풀면,

$$x = 84$$

가 된다. 디오판투스는 묘비에 조차 방정식 문제를 적을 정도로 방정식을 사랑한 수학자이다. 그는 평생 방정식에 관한 연구를 하고 그 내용을 <산술, Arithemetica>이라는 책에서 다룬다.

5-2 디오판투스의 〈산술〉

디오판투스의 산술은 총 6권으로 이루어져 있다. 산술에는 다양한 형태의 방정식 문제와 풀이가 수록되어 있다.

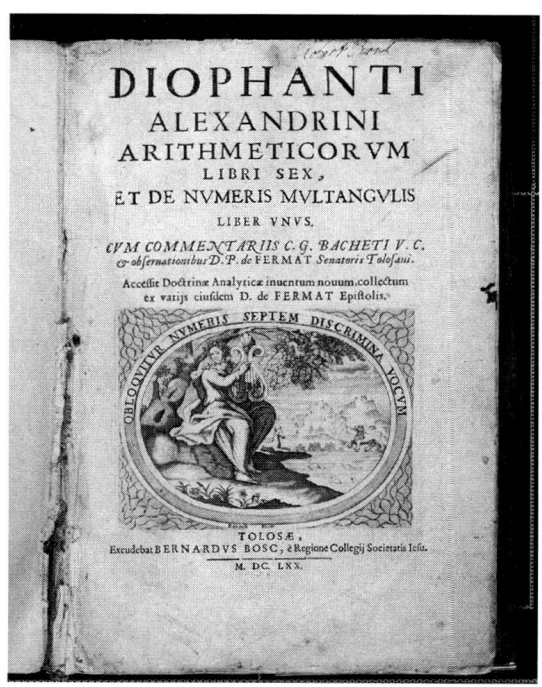

1권에서는 연립방정식에 대한 많은 문제들이 들어 있다. 한 문제만 살펴보자.

[문제] 네 수로 세 수 씩을 뽑아 얻는 합이, 22, 24, 27, 20인 네 수를 찾아라.

이 문제를 풀어보자. 네 수를 a, b, c, d라고 놓자. 그리고 네 수의 합을

$$x = a+b+c+d$$

라고 놓자. 이제

$$a+b+c = 22$$

$$a+b+d = 24$$

$$a+c+d = 27$$

$$b+c+d = 20$$

이라고 두면, 이 식은

$$x - d = 22$$

$$x - c = 24$$

$$x - b = 27$$

$$x - a = 20$$

이라 쓸 수 있다. 이 네식을 더하면

$$3x = 22 + 24 + 27 + 20 = 93$$

이므로

$$x = 31$$

이다. 그러므로 네 개의 수는

$$4, 7, 9, 11$$

이 된다.

산술의 2권부터 6권까지 나와 있는 문제는 주로 부정방정식이다. 부정방정식이라는 미지수가 조건식보다 많아서 해가 무한히 많이 생기는 방정식이지만 해가 자연수라는 조건 또는 분수라는 조건을 걸어주면 해의 개수가 유한개가 되는 방정식을 말한다.

예를 들어 다음 방정식을 보자.

$$xy = 3$$

이 방정식은 무한히 많은 해가 존재한다. $x = m$이면 $y = \dfrac{3}{m}$이 되고 m는 0이 아닌 모든 수가 가능하기 때문이다. 이렇게 해가 무한히 많은 방정식에서 x, y가 자연수라는 조건을 걸어주면 이 방정식의 해는

$$x = 1, y = 3 \text{ 또는 } x = 3, y = 1$$

이 되어, 유한개의 해를 가지게 된다. 이런 방정식을 부정방정식이라고 부르는데, 이 방정식을 처음 연구한 사람이 디오판투스이므로 이런

방정식을 디오판투스 방정식이라고도 부른다.

디오판투스는 다음과 같은 문제를 제시했다.

[문제] 두 수의 제곱의 합이 16이 되는 두 수를 분수로 나타내라. (단 두 수는 0도 아니고 음수도 아니다).

이 문제를 풀어보자. 두 수를 x, y라고 하면

$$x^2 + y^2 = 16 = 4^2 \quad (11\text{-}2\text{-}1)$$

이 된다. 디오판투스는 이 방정식의 해로,

$$y = mx - 4 \quad (11\text{-}2\text{-}2)$$

라고 두고, m을 자연수로 두었다. (11-2-2)를 (11-2-1)에 대입하면,

$$x^2 + (mx - 4)^2 = 16$$

또는

$$x((1+m^2)x - 8m) = 0$$

이다. x는 0이 아니므로

$$x = \frac{8m}{m^2 + 1}$$

이 된다. 디오판투스는 이 해에 $m = 1, 2, 3, \cdots$를 차례로 대입했다.

$m=1$인 경우, $x=4$, $y=0$이므로 이것은 구하는 해가 아니다.

$m=2$인 경우, $x=\dfrac{16}{5}$이 되고, 이때

$$y^2 = \dfrac{144}{25}$$

가 되어 $y=\dfrac{12}{5}$가 된다.

$m=3$인 경우,

$$x=\dfrac{12}{5},\ y=\dfrac{16}{5}$$

가 되어, 이것은 구하는 해가 된다. 디오판투스는 이런 탕법에 의해 부정방정식의 해를 구했다.

디오판투스가 산술에서 소개한 또 하나의 문제를 보자.

[문제] $2+x$가 제곱수이고, $3+x$도 제곱수인 x를 구하라. (x는 분수로 나타낼 수 있어야 한다.)

디오판투스는

$$2+x=a^2$$

$$3+x=b^2$$

제5장 방정식의 아버지 디오판투스 | 111

이라고 놓고, 두 식을 빼주었다. 이때

$$b^2 - a^2 = 1$$

또는

$$(b+a)(b-a) = 1 \quad (11\text{-}2\text{-}3)$$

이 된다. 디오판투스는

$$b+a = 4 \quad (11\text{-}2\text{-}4)$$

로 선택했다. 이때

$$b-a = \frac{1}{4} \quad (11\text{-}2\text{-}5)$$

가 된다. (11-2-4)에서 (11-2-5)를 빼면

$$a = \frac{15}{8}$$

이 된다. 그러므로

$$x = \frac{97}{64}$$

가 된다.

句股羃合以成弦羃

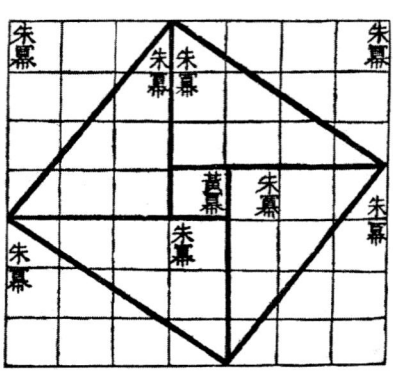

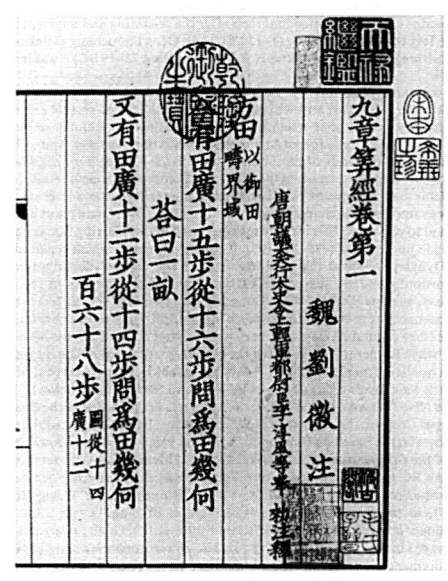

제6장

중국, 인도, 아라비아의 수학

6-1 중국 수학의 기원

중국은 기원전 1600년 경에 세워진 상(商)나라로부터 시작된다. 상나라는 기원전 1600년경 ~ 기원전 1046년경까지 존재한 왕조이다. 상나라는 수도가 은(殷)이기 때문에 은나라로 부르기도 한다. 주(周)나라는 상나라를 이은 두 번째 왕조이다. 주나라는 기원전 1046년 ~ 기원전 256년까지 790년간 존속해 중국에서 가장 오랜 기간 존속한 나라이다.

중국이 언제부터 수학에 관한 연구를 시작했는지는 정확히 알수 없지만 중국 수학 고전 중에 가장 오래된 책인 <주비산경(周髀算经)>에 수학과 천문학에 대한 내용이 기록되어 있다. 여기서 주(周)는 주나라를 뜻하고 비(髀)는 해시계의 바늘을 뜻한다. 주비산경이 언제 쓰여진 책인지 정확히 알려져 있지 않지만, 학자들은 이 책이 기원전 300년 경에 쓰여졌을 거라고 생각하고 있다.

주비산경에는 천문과 역법 및 기하학에 대한 내용이 들어있는데 가장 대표적인 것은 피타고라스 정리이다.

직사각형의 절반에서, 가로의 길이가 3이고 세로의 길이가 4라면, 대각선의 길이는 5이다.

故折矩, 以爲句廣三, 股修四, 徑隅五.

<주비산경>과 더불어 유명한 중국의 수학고전은 <구장산술>이다. 이 책도 쓰여진 연대가 정확하지는 않지만 기원전 250년 경에 쓰여진 것으로 추정된다. <구장산술>은 제목과 같이 9개의 장으로 구성되어 있는데 각 장에서 다루는 내용은 다음과 같다.

1장 다양한 평면도형의 넓이
2장 단순한 비례 배분 문제
3장 복잡한 비례 배분 문제
4장 제곱근과 세제곱근
5장 다양한 입체도형의 부피
6장 여러 가지 비례 문제
7장 일차 방정식의 해
8장 연립 일차 방정식의 해
9장 피타고라스의 정리

6-2 인도 수학

이제 인도의 수학 역사를 살펴보자. 고대 인도에서도 사원의 설계나 제단의 측량을 위해 측량사들이 필요했고 이를 위해 기하학 연구가 필요했다. 기원전 시대의 인도의 수학에 대한 기록은 별로 남아있는 것이 없는데 술바수트라스(Shulva Sutras)라는 수학책이 가장 오래된 수학책이다. 가장 오래된 술바수트라스는 바우다야나 수트라스로 기원전 800년경에 쓰여졌다. 그 외에 유명한 술바수트라스로는 마나바 수트라스, 아파스탐바 수트라스, 카트야야나 수트라스, 마이트라야나 수트라스, 바둘라 수트라스 등이 있다.

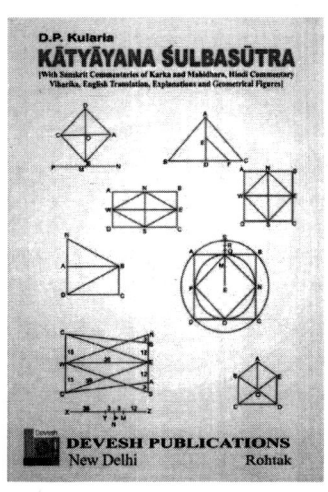

술바수트라스에는 평면 기하의 많은 성질들, 피타고라스의 삼중수, 피타고라스 정리와 같은 내용이 들어있다. 고대 인도인들 역시 원주율의 근사값을 사용했는데 원주율의 근사값을

$$\pi \approx \frac{676}{225} \fallingdotseq 3.004$$

로 사용한다.

기원후 6세기에 들어서면서 새로운 인도 수학책들이 등장한다. 이들 수학책은 싯단타라고 불렸는데 파울리사 싯단타, 수리아 싯단타, 바시시스타 싯단타, 파이타마하 싯단타, 로만카 싯단타의 다섯 권이다. 하지만 이중 온전하게 남아있는 책은 505년에 쓰여진 수리아 싯단타뿐이다.

수리아 싯단타는 태양신에 관한 책으로 천문학에 대한 내용을 담고 있는데 이 책에는 삼각비에 대한 내용들이 담겨있다.

6-3 인도 최초의 수학자 아리아바타

인도 최초의 수학자 아리아바타의 이야기를 해보자.

Aryabhata (476-550 인도)

아리아바타가 태어난 곳에 대해서는 알려져 있지 않다. 그는 인도 북부 쿠수마프라에서 학생들을 가르치고 나란다 대학의 총장을 맡는다. 아리아바타를 인도 최초의 수학자로 꼽는 건 그가 499년에 <아리아바티야>라는 수학과 천문학에 대한 책을 썼기 때문이다.

이 책에는 천문학에 나타나는 여러 가지 상수들과 대수와 기하 및 삼각비에 대한 내용이 담겨 있다. 이 책에서 아리아바타는 등차수열의

합을 구하는 내용, 여러 가지 입체도형의 부피를 계산하는 문제를 다루었다. 그리고 원주율의 근사값으로

$$\pi \approx \frac{62832}{20000} ≒ 3.1416$$

을 사용한다.

수학의 역사에서 아리아바타의 가장 위대한 업적은 삼각비의 정의이다. 그는 다음과 같은 부채꼴을 생각한다.

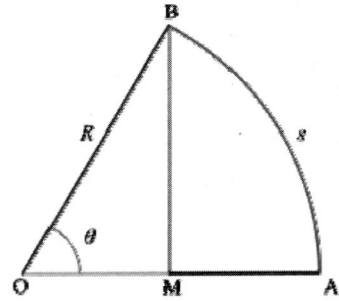

여기서 BM은 점 B에서 OA로의 수선이고 s는 호 AB의 길이이다. 아리아바타는 각 θ에 대해,

$$jyā(\theta) = BM$$

$$koti\text{-}jyā(\theta) = OM$$

이라고 정의했는데 이것이 바로 최초의 사인과 코사인의 정의이다.

아라비아타의 표현을 지금의 표현으로 고치면,

$$jyā\,(\theta) = R\sin\theta$$

$$koti\text{-}jyā\,(\theta) = R\cos\theta$$

이다. 그러므로 반지름이 1인 원을 택하면 두 표현을 같아진다.

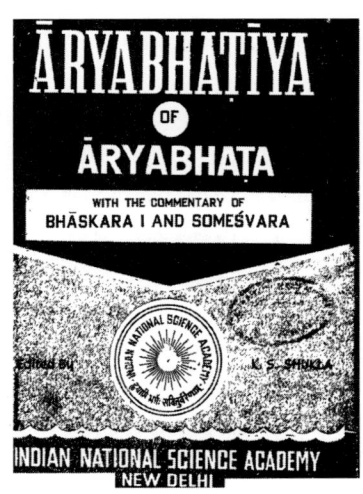

jyā와 koti-jyā는 이슬람 수학자들에 의해서 사용되었고, 12세기에 유럽의 수학자들이 이를 라틴어로 번역하는 과정에서 반지름이 1일 때의 jyā는 sinus가 되고, 반지름이 1일 때의 koti-jyā는 co-sinus가 된다. 이것을 줄여서 세 철자만 써서 sin과 cos이 된다.

6-4 인도 아라비아 숫자

우리가 지금 사용하는 숫자는 인도 아라비아 숫자이다. 인도 아라비아 숫자체계에서는 0, 1, 2, 3, 4, 5, 6, 7, 8, 9의 열 개의 숫자만으로 모든 수를 나타낼 수 있다. 이 숫자를 처음 만든 것은 아라비아 사람이 아니라 인도사람들이다. 이 숫자들이 아라비아 숫자로 불리는 것은 아라비아 사람들에 의해 유럽에 소개되었기 때문이다.

인도의 숫자체계가 처음부터 십진법을 사용한 것은 아니었다. 서기 1세기 경 인도 숫자는 1부터 9까지의 수를 다음과 같이 나타냈다.

1	2	3	4	5	6	7	8	9
―	=	≡	+	ʰ	ҷ	?	↶	ʔ

Brahmi numerals around 1st century A.D.

이 당시 인도 사람들은 십진법을 사용하지 않았기 때문에 그리스 로마의 숫자체계처럼 10, 20, …이나 100, 200, …등을 나타내는 새로운 기호를 사용한다. 하지만 구체적으로 어떤 기호를 사용했는지는 자료가 남아있지 않다.

인도 숫자는 4세기 초 굽타 왕조시대에는 다음과 같은 모습의 굽타 숫자로 변화된다. 굽타 왕조 때의 인도 숫자는 그들이 정복한 여러 나라에 전파된다.

1	2	3	4	5	6	7	8	9
—	=	≡	४	Ի	⼻	η	ς	ɔ

Gupta numerals around 4th century A.D.

6세기 무렵 인도에서는 0이 만들어지면서 십진법이 자리를 잡게 된다. 그리고 11세기 초에 인도 숫자는 다음과 같은 모양의 데바나가리 숫자로 바뀐다.

1	2	3	4	5	6	7	8	9	0
۹	ર	३	8	ч	६	७	ㄷ	९	०

Nagari numerals around 11th century A.D.

십진법에 의한 인도의 숫자체계는 0부터 9까지의 열 개의 숫자만으로 모든 수를 표시할 수 있다는 점과 수의 대소를 쉽게 비교할 수 있다는 점과 덧셈 뺄셈 곱셈 나눗셈 등을 쉽게 계산할 수 있다는 점에서 그리스나 로마의 숫자체계보다 훨씬 편리하다.

상업이 발달했던 아라비아에서는 셈을 정확하게 하는 것이 중요했는데 이들은 주로 그리스의 숫자체계를 사용하고 있었다. 하지만 인도 숫자가 건너오자 아라비아 사람들은 그동안 사용해오던 그리스 숫자체계를 버리고 인도 숫자 체계를 채택한다. 그리고 이들이 이 숫자체계를 유럽의 여러 나라에 소개하기 시작한다. 그로 인해 유럽 사람들은 이 숫자체계를 아라비아 사람들이 처음 만든 것으로 알게 된다.

    인도 사람들은 십진법 체계를 이용하여 창살곱셈법이라고 부르는 두 수의 곱셈을 계산하는 독특한 방법을 알아낸다. 예를 들어 56 × 42를 창살곱셈법으로 계산해보자. 먼저 두 수를 다음과 같이 창틀에 쓰자.

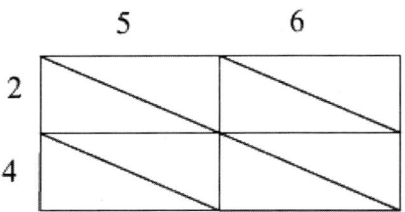

    이때 왼쪽에 쓰는 숫자는 십의 자리수가 아래에 오게 써야 한다. 그리고 왼쪽의 수와 위의 수와의 곱을 창살 안에 써주면 다음과 같다.

    이때, 맨 아래 녹색의 수들의 합이 천의 자리수인 2가 되고 그 위의 붉은색 수의 합인 3이 백의 자리수, 그 위의 밤색 수의 합인 5가 십의 자리수, 맨 위의 분홍색 수의 합인 2가 일의 자리수가 되어,

$$56 \times 42 = 2352$$

가 된다.

이제 영의 발견의 역사를 살펴보자. 고대 메소프타미아 사람들은 60진법을 사용하고 있었는데 빈자리를 나타내기 위해 0을 나타내는 기호를 사용한다. 그들이 사용한 0의 기호는 다음과 같다.

메소포타이마 숫자로 표시된 다음과 같은 두 수를 보자.

위에 있는 수는 60의 자리가 1이고 일의 자리가 1이므로 우리가 아는 수로 고치면 60 + 1 = 61이다. 아래에 있는 수에는 0을 나타내는 기호가 포함되어 있으므로 맨 앞의 1( )은 60^2의 자리를 나타내고 60의 자리수는 0이고 일의 자리수는 1이다. 그러니까 이 수를 우리가 아는 수로 고치면 $60^2 + 1 = 3601$이다. 이렇게 고대 메소포타미아 사람들은 빈자리를 나타내기 위해 0의 기호를 도입한다.

뿐만 아니라 고대 마야인들도 빈자리를 나타내기 위해 0의 기호를 사용했다. 인도 아라비아 숫자에서 0의 기호를 누가 처음 사용했는지는 정확히 알려져 있지 않지만 0의 수학적인 성질은 인도의 수학자 브라마굽타의 책에 처음 등장한다.

(Brahmagupta 598 ~ 668 인도)

6-5 브라마굽타

이제 영을 수학에 처음 사용한 브라마굽타의 이야기를 해보자.

브라마굽타는 인도 북서부의 빌라말라(Bhillamāla, 현재의 지명은 빈말)에서 태어나 생의 대부분을 그곳에서 보낸다. 빌라말라에서 수학 교사를 하는 브라마굽타는 비아라무카 왕에 의해 궁정천문학자로 임명되어 우자인 천문대의 책임자가 된다.

당시 인도의 스님들은 하늘의 별들이 움직이는 속도와 별까지의 거리를 계산하는 방법을 연구하고 있었다. 브라마굽타 역시 평생 동안 별을 연구한다. 브라마굽타는 별의 움직임을 좀 더 빨리 계산하기 위해서는 곱셈과 나눗셈을 빠르게 할 수 있는 새로운 수 체계를 만들어야 한다는 생각을 가진다. 그는 기수법에서 단지 빈 자리를 나타내기 위해 사용되던 0을 이용해 누구나 빠르게 사칙연산을 계산할 수 있는 수 체계를 만든다. 그래서 브라마굽타를 0을 발견한 사람이라고 부른다.

브라마굽타가 발명한 수 체계는 빈 자릿수를 0으로 나타내기 때문에 어떤 큰 수도 0부터 9까지의 10개의 숫자만으로 나타낼 수 있다. 예를 들어 1과 0이라는 숫자로 10을 만들면 1은 십의 자리수가 되어 일의 열 배가 되고 일의 자릿수는 비어 있으므로 0을 나타내 1보다 열 배 큰 수를 나타낼 수 있다. 여기에 0을 하나 더 쓰면 100이 되고 이때 1은 백의 자리수가 1임을 나타내 1보다 100배 큰 수를 만들 수 있다.

0을 수로 처음 인식한 브라마굽타는 0과 다른 수들과의 계산에 대한 원칙을 세운다. 예를 들어 어떤 수에 0을 더하거나 어떤 수에서 0을 빼면 그 수 자신이 나오고, 어떤 수에서 0을 빼면 그 수 자신이 된다는 것이다. 또한 그는 어떤 수와 0과의 곱이 0이어야한다는 것을 알아낸다. 하지만 그는 0으로 나누는 문제에 대해 커다란 실수를 저지른다. 그는 0을 0으로 나눈 값이 0이 된다고 주장했는데 이것은 옳지 않다는 것이 훗날 밝혀진다.

왜 어떤 수와 0과의 곱은 항상 0이 되는 지 그 이유를 살펴보자. 다음 식을 보자.

$$a \times 0 = 0$$

어떤 수에서 그 수를 빼면 0이 되므로 $0 = b - b$라고 쓸 수 있다. 이것을 $a \times 0$에 넣으면 다음과 같다.

$$a \times 0 = a \times (b - b)$$

오른쪽 식에서 분배법칙을 쓰면

$$a \times 0 = a \times b - a \times b$$

가 되고, 오른쪽 식은 $a \times b$에서 같은 수를 뺀 식이므로 그 결과는 0이다. 그러므로 $a \times 0 = 0$이다.

음수를 처음 생각한 사람 역시 인도의 브라마굽타이다. 과거로부터 방정식 $x + 1 = 0$을 만족하는 x의 값은 존재하지 않는다고 알려져 있었다. 하지만 브라마굽타는 만일 x가 0보다 1 작은 수라면 방정식을 만족하는 것이 가능하다는 것을 알아냈고 이렇게 0보다 작은 수를 음수라고 불렀다. 또한, 그는 수를 0보다 큰 양수와 0과 0보다 작은 음수의 세 가지로 분류한다.

브라마굽타 이후 12세기에 접어들어 이슬람 수학자인 알사마왈은 자신의 책『계산에 관한 빛나는 책』에서 음수의 덧셈과 뺄셈에 대해 다룬다. 하지만 같은 시대의 인도 수학자 바스카라는 음수를 수학에 적합하지 않은 수로 간주한다.

15세기에 접어들어 수학자 슈케와 슈티펠도 음수를 모순적인 수로 분류한다. 16세기 초 카르타노 역시 방정식에서 음수의 해가 나오는 경우는 해가 없는 것으로 간주한다. 17세기 데카르트 역시 아무것도 없는 것보다 작은 수는 존재하지 않으므로 음수는 존재하지 않는다고 설명한다.

18세기에 접어들어 오일러는 자신의 저서 <<대수학 입문>>에서 음수를 빚에 비유하면 수학에 음수를 도입할 수 있다는 아이디어를 낸다. 그는 빚을 갚는 것은 선물을 받는 것과 같으므로 음수를 뺀다는 것은 양수를 더하는 것과 같다는 논리로 음수를 빼는 것에 대한 연산규칙을 만든다.

(Bhāskara II 1114-1185 인도)

6-6 바스카라

수 세기가 지난 후 12세기 인도 최고의 수학자인 바스카라는 어떤 수를 0으로 나누는 문제에 대해 브라마굽타의 생각과 달랐다. 그는 어떤 수를 0으로 나누면 우리가 상상할 수 없는 아주 큰 수가 될 거라고 생각했다. 바스카라의 이런 생각은 훗날 뉴턴과 라이프니츠의 미분의 발견에 큰 기여를 하게 된다.

바스카라의 저서 중에서 가장 유명한 것은 <릴라바티>로 브라마굽타의 수학적인 업적과 자신의 업적을 이 책에 모두 담았다. 이 책의 제목은 그의 딸 이름인데 점성술사인 바스카라는 딸이 자신이 정해준 정확한 시각에 결혼을 해야만 행복하게 살 수 있다고 예언했다. 결혼식날 그 시각이 되기를 초조하게 기다리던 딸은 물시계를 바라보다가 머리장식에서 진주 한 알이 떨어져 물시계의 물구멍을 막았다. 이때문에 정확한 결혼 시각을 알 수 없게 된 딸은 평생을 혼자 살게 되었는데 바스카라는 딸의 불행을 위로하기 위해서 자신의 저서의 제목을 딸의 이름으로 붙였다고 한다.

수학에서 0으로 나누는 것을 금지하는 이유를 알아보자. 0으로 나눌 수 있다고 해보자.

$$2 \times 0 = 0$$

에서 양변을 0으로 나누면 다음과 같다.

$$2 \times 0 \div 0 = 0 \div 0$$

여기에서 $0 \div 0 = 1$이라고 하면

$$2 = 1$$

이 되어 심각한 문제가 발생한다. 그래서 수학에서는 0으로 나누는 것을 금지하고 있다.

(Muhammad 570 - 632 아라비아)

6-7 아라비아의 수학

이번에는 아라비아의 수학자들 이야기를 해보자. 아라비아는 줄여서 아랍이라고도 말한다. 아라비아 수학의 역사를 이야기하려면 무하마드 (흔히 마호메트라고 말한다)와 이슬람의 역사를 조금 알아야 한다.

서기 570년 경 태어난 무하마드는 아라비아 사막의 유목민들의 종교적인 지도자로 이슬람교의 창시자이다. 이때부터 아라비아의 사람들은 이슬람교가 종교가 된다. 750년 경 이슬람 국가는 둘로 나뉘어지는데, 하나는 모로코를 중심으로 하는 서아랍이고 다른 하나는 바그다드를 중심으로 하는 동유럽이다. 이중 수학에 더 많은 관심을 보인 것은 동아랍이다.

641년 알렉산드리아가 함락되면서 그리스 수학의 수 많은 자료를 보관하고 있던 알렉산드리아 도서관이 화재로 사라졌다. 아랍인들은 알렉산드리아의 도서관에 견줄만한 새로운 도서관과 학교를 만들기 시작했다. 이 일을 처음 시작한 사람은 813년부터 833년까지 이슬람제국의 칼리프를 한 알 마문이다. 그는 바그다드에 '지혜의 집'을 만들어 철학, 과학, 수학에 관한 수 많은 고전들을 아라비아어로 번역하고 학생들을 가르치게 했다. 칼리프란 이슬람 교리의 순수성과 간결성을 유지하고, 종교를 수호하며, 동시에 이슬람 공동체를 통치하는 모든 일을 관장하는 이슬람 제국의 최고 통치자를 말한다.

당시 지혜의 집에는 아라비아 최초의 수학자인 알콰리즈미가 있었다.

알콰리즈미의 삶에 대해서는 별로 알려진 것이 없지만 그가 쓴 책 두 권은 수학의 역사에 남는 역작이다. 하나는 <인도의 계산법에 관하여>라는 책인데 이 책에서 알콰리즈미는 인도의 숫자와 십진법을 이용한 계산법에 대해 자세히 소개했다. 그리고 다른 하나는 <알자브르(al-Jabr)>라는 책이다.

(Muḥammad ibn Mūsā al-Khwārizmī 780 - 850, 아라비아)

알자브르는 '찢어진 부분을 다시 합친다'라는 뜻인데, 이 단어가 라틴어로 번역되면서 대수학이라는 뜻의 영어단어인 algebra가 되었다. 알자르브는 제목 그대로 그동안의 수학을 아라비아어로 정리한 내용들로 채워져 있다. 그래서 특별히 새로운 내용은 별로 없다. 조금 새로운 내용으로는 방정식의 풀이에서 이항을 이용한 것, 이차방정식을 다루는 내용에서 판별식이 처음으로 등장한 것 정도이다.

[알자브르(al-Jabr)]

아라비아 수학에서 빼놓을 수 없는 것은 삼각비의 공식에 관한 연구이다. 10세기에 페르시아의 수학자 아부알와파(Abū al-Wafā' 940 - 998)는 사인과 코사인에 대한 많은 성질을 발견했다[2]).

$$\sin(x+y) = \sin x \cos y + \cos x \sin y \quad (12\text{-}7\text{-}1)$$

$$\cos(x+y) = \cos x \cos y - \sin x \sin y \quad (12\text{-}7\text{-}2)$$

$$\sin 2x = 2\sin x \cos x \quad (12\text{-}7\text{-}3)$$

$$\cos 2x = \cos^2 x - \sin^2 x = 1 - 2\sin^2 x = 2\cos^2 x - 1 \quad (12\text{-}7\text{-}4)$$

$$\sin^2 \frac{x}{2} = \frac{1-\cos x}{2} \quad (12\text{-}7\text{-}5)$$

$$\cos^2 \frac{x}{2} = \frac{1+\cos x}{2} \quad (12\text{-}7\text{-}6)$$

10세기에 페르시아의 수학자 알코잔디(Abu Mahmud Hamid ibn al-Khidr al-Khojandi 940 - 1000)는 사인정리라고 알려진 사인의 성질을 처음 발견했다.

삼각형 ABC가 반지름이 R인 원에 내접한 경우를 보자.

---

[2]) 이 내용들의 증명은 네이버 카페 〈 정완상의 수학과 물리〉 자료0002를 보라.

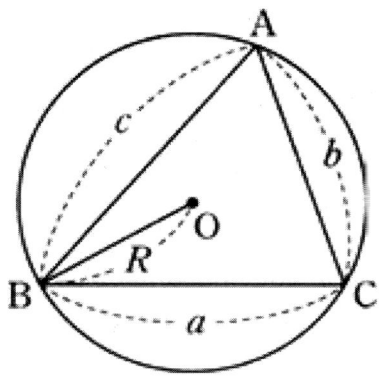

이때

$$\frac{a}{\sin A} = \frac{b}{\sin B} = \frac{c}{\sin C} = 2R$$

이 성립한다. 이것을 사인정리라고 부른다.

이제 사인정리를 간단히 증명해보자. 다음 그림을 보자.

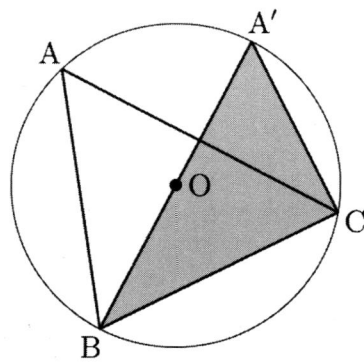

현 BC에 대한 원주각은 같으므로

$$\text{각 A} = \text{각 A}'$$

이 된다. 한편 지름 BA'에 대한 원주각 (각 C)는 직각이므로

$$BC = a = 2R\sin A'$$

이고,

$$a = 2R\sin A' = 2R\sin A$$

가 된다.

14세기에 이란의 알카시(Ghiyāth al-Dīn Jamshīd Mas'ūd al-Kāshī 1380-1429)는 코사인 정리라고 알려진 코사인의 재미있는 성질을 처음 발견했다.

다음 그림을 보자.

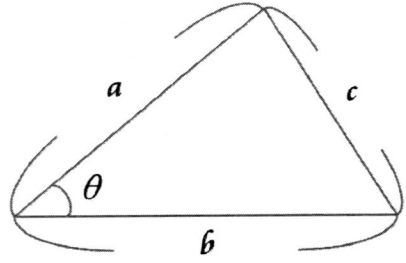

두 변의 길이와 사잇각을 알 때 나머지 한 변의 길이를 구하는 공식이다.

이 그림에서

$$c^2 = a^2 + b^2 - 2ab\cos\theta \quad (12\text{-}7\text{-}7)$$

가 된다. 이것을 코사인 정리라고 부른다.

이제 코사인 정리를 증명해보자. 다음 그림과 같이 수선을 그리자.

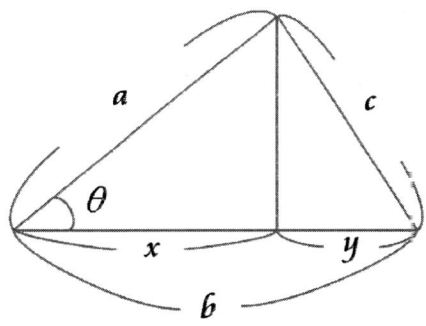

이때

$$\cos\theta = \frac{x}{a}$$

가 된다. 그러니까

$$a^2 + b^2 - 2ab\cos\theta = a^2 + b^2 - 2bx \quad (12\text{-}7\text{-}8)$$

이고,

$$b = x + y$$

이니까

$$a^2 + b^2 - 2ab\cos\theta = a^2 + b^2 - 2bx$$

$$= a^2 + y^2 - x^2 \quad (12\text{-}7\text{-}9)$$

이 된다. 피타고라스 정리에 의해

$$a^2 - x^2 = c^2 - y^2 \quad (12\text{-}7\text{-}10)$$

이니까 이 관계식을 (12-7-9)에 대입하면

$$a^2 + b^2 - 2ab\cos\theta = c^2$$

이 된다.